U0370280

中国干旱人口与经济暴露度地图集

刘玉洁　著

气象出版社
China Meteorological Press

图书在版编目（CIP）数据

中国干旱人口与经济暴露度地图集 / 刘玉洁著. --
北京：气象出版社, 2020.8
ISBN 978-7-5029-7259-2

Ⅰ. ①中… Ⅱ. ①刘… Ⅲ. ①干旱—社会影响—中国—图集 ②干旱—经济影响—中国—图集 Ⅳ. ① P462.3-64

中国版本图书馆 CIP 数据核字（2020）第 157856 号

审图号：GS（2020）2246 号

中国干旱人口与经济暴露度地图集
ZHONGGUO GANHAN RENKOU YU JINGJI BAOLUDU DITUJI
刘玉洁 著

出版发行：气象出版社
地　　址：北京市海淀区中关村南大街 46 号　　邮　　编：100081
电　　话：010-68407112（总编室）　010-68408042（发行部）
网　　址：http://www.qxcbs.com　　E-mail：qxcbs@cma.gov.cn
责任编辑：蔺学东　　终　　审：吴晓鹏
责任校对：张硕杰　　责任技编：赵相宁
封面设计：楠竹文化
印　　刷：北京建宏印刷有限公司
开　　本：787mm × 1092mm　1/16　　印　　张：6.75
字　　数：180 千字
版　　次：2020 年 8 月第 1 版　　印　　次：2020 年 8 月第 1 次印刷
定　　价：65.00 元

本书如存在文字不清、漏印以及缺页、倒页、脱页等，请与本社发行部联系调换。

前　言

PREFACE

以增暖为主要特征的全球气候变化已经并将持续影响人类的生存和发展。温度的升高不仅直接影响温度极端值的变化，而且导致包括干旱在内的极端天气气候事件的发生频率与强度呈增加趋势。干旱是最具破坏性和最常发生的自然灾害之一，对几乎所有气候带的自然生态系统和社会经济发展都会产生重大影响。中国是受干旱影响最严重的国家之一。干旱发生频率高、分布范围广、持续时间长，且季节特征明确。作为世界上人口最多的国家和第二大经济体，未来日益升温的趋势将加剧中国的干旱状况，加剧干旱对社会经济发展的影响。因此，对气候变化情景下干旱造成的社会经济影响进行有效的评估，对于缓解和适应气候变化具有重要意义，尤其是在中国等易受气候变化影响的国家。本地图集采用了多模式（全球气候模式：GFDL-ESM2M、HadGEM2-ES、IPSL-CM5A-LR、MIROC-ESM-CHEM、NorESM1-M）、多情景（典型浓度路径（Representative Concentration Pathways，RCPs）：RCP2.6、RCP4.5、RCP8.5；共享社会经济路径（Shared Socioeconomic Pathways，SSPs）：SSP1、SSP2、SSP3）的气候、人口以及经济预估数据，对气候变化背景下干旱频率及干旱对人口与经济的影响进行定量评估，识别人口与经济暴露度高值区域，为制定有效的减缓和适应对策提供科学参考。

地图集由序图、气候变化下人口与 GDP 分布、干旱频率分布、干旱人口暴露度和干旱 GDP 暴露度 5 个部分组成。

第一部分“序图”，为读者认识、了解、分析干旱的发生及对社会经济的影响提供翔实的地理背景基础信息，并完整反映了中国的疆域。

第二部分“SSPs 情景下中国人口与 GDP 分布”，包括基准年（2000 年）以及未来共享社会经济路径 SSP1、SSP2、SSP3 下 2030 年、2050 年中国人口与 GDP 空间分布，反映了气候变化背景下我国人口与 GDP 发展的态势。

第三部分“气候变化下中国干旱频率分布”，包括基准期（1986—2005 年）、气候变化下 RCP2.6、RCP4.5、RCP8.5 情景下未来近期（2016—2035年）、中期（2046—2065年）以及升温1.5℃情景（RCP2.6，2020—2039年）和升温2.0℃情景（RCP4.5，2040—2059年）下中国干旱频率分布。以空间图的形式描述了不同情景与时段下的干旱频率分布以及相对于基准期的干旱频率绝对变化与相对变化，反映了气候变化下中国干旱频率分布的时空格局。

第四部分“气候变化下中国干旱人口暴露度”，包括基准期和气候变化下RCP2.6-SSP1、RCP4.5-SSP2、RCP8.5-SSP3情景下未来近期、中期以及升温1.5℃和2.0℃情景下中国干旱人口暴露度。分别描述了不同情景与时段下历史时期与未来中国干旱人口暴露度空间分布及变化情况。

第五部分“气候变化下中国干旱GDP暴露度”，包括基准期和气候变化下的RCP2.6-SSP1、RCP4.5-SSP2、RCP8.5-SSP3情景下未来近期、中期以及升温1.5℃和2.0℃情景下中国干旱GDP暴露度。反映了基准期与气候变化背景下未来中国干旱GDP暴露度时空格局以及暴露度变化的整体趋势。

地图集编制以收集的数据信息库为基础，集成了多部门、多模型、多时段的地理空间数据，保证了地图集内容的可靠性与时效性。基于多源数据进行计算与综合分析，充分发挥数字制图平台可视化的表达特点，保证了制图的科学性与可读性。地图集共有94张涉及地图底图的插图是以自然资源部标准地图服务中心的“中国地图　1:3200万　32开　无邻国　线划一”（审图号：GS（2019）1827号）为基础制作，未对底图进行修改，确保了制图的规范性。在地图集编制过程中，中国科学院地理科学与资源研究所资源环境数据云平台、跨领域影响模式比较计划（ISI-MIIP, https://www.isimip.org/）以及日本国立环境研究所（https://www.nies.go.jp/）给予了数据支持；博士生陈洁帮助数据收集和处理；地图集的出版得到了重点研发项目（2016YFA0602402）、中科院青年创新促进会会员项目（2016049）、地理资源所可桢杰出青年学者项目（2017RC101）的支持；在此一并致谢。

地图集力求全面、准确地提供气候变化情景下未来中国干旱人口与GDP暴露度定量评估结果，为国家层面的气候变化防灾减灾政策制定提供充分的科学支持。同时，为社会公众了解气候变化下未来中国干旱变化及干旱对社会经济的影响提供一扇窗口。

鉴于气候变化预估的复杂性与不确定性，加之图集编制时间较紧，任务较重，地图集内容难免存在一些不足，欢迎读者批评指正。

作　者

2020年5月

目 录

CONTENTS

第一部分

序　图

本部分展示了中国范围内与干旱及社会经济系统相关的基础地理要素。共包含5幅地图，分别为中国海拔高度空间分布、中国气候区划、中国公里网格人口空间分布、中国公里网格GDP空间分布以及中国夜间灯光数据空间分布，为读者了解干旱灾害及其对社会经济的影响提供充分的地理背景信息。

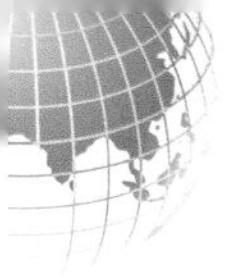

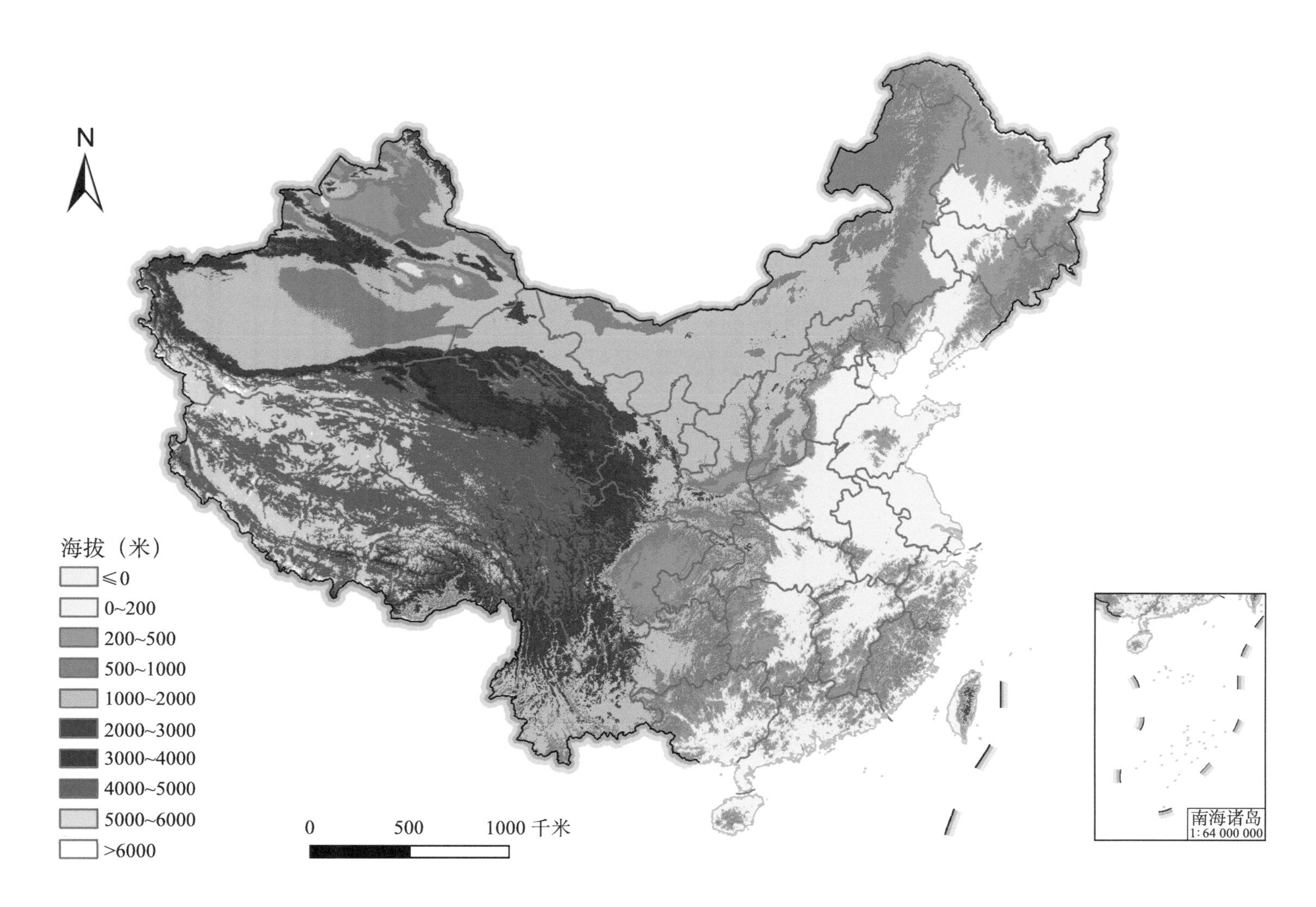
N
海拔（米）
≤0
0~200
200~500
500~1000
1000~2000
2000~3000
3000~4000
4000~5000
5000~6000
>6000
0
500
1000 千米
南海诸岛
1: 64 000 000

图 1-1　中国海拔高度（DEM）空间分布

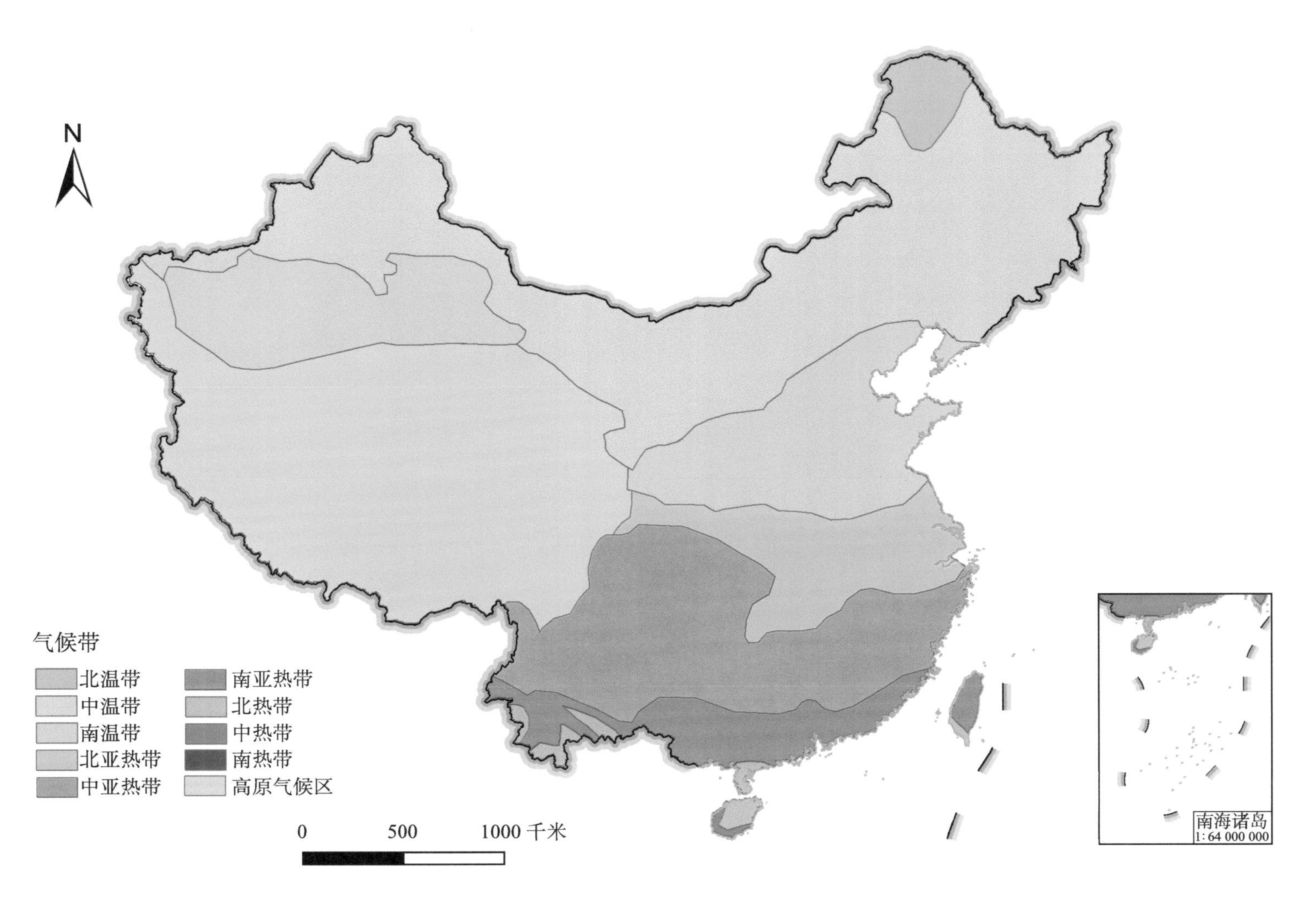
N
气候带
北温带
中温带
南温带
北亚热带
中亚热带
南亚热带
北热带
中热带
南热带
高原气候区
0
500
1000 千米
南海诸岛
1: 64 000 000

图 1–2　中国气候区划

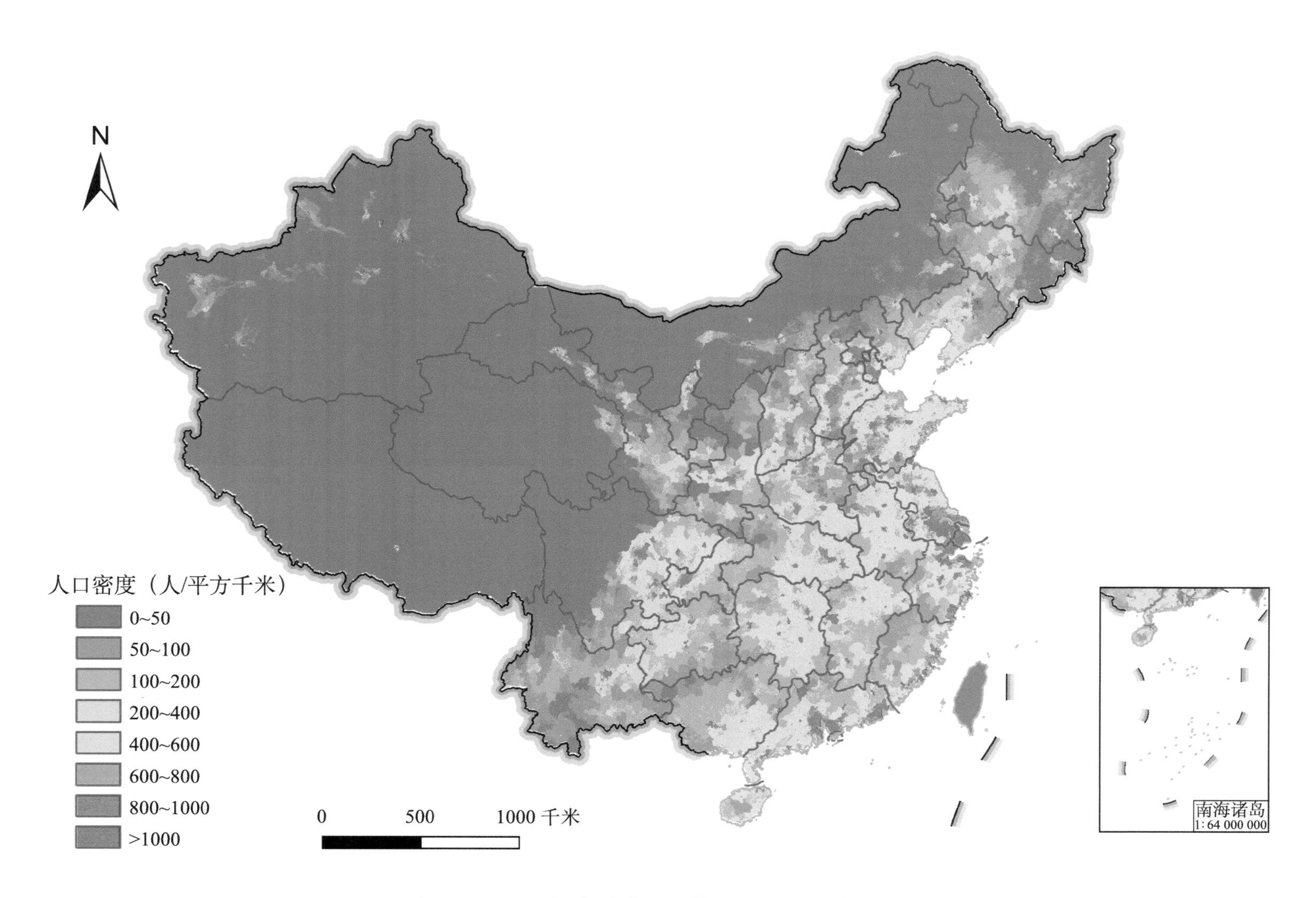
N
人口密度（人/平方千米）
0~50
50~100
100~200
200~400
400~600
600~800
800~1000
>1000
0
500
1000 千米
南海诸岛
1:64 000 000

图 1-3　2015 年中国公里网格人口空间分布

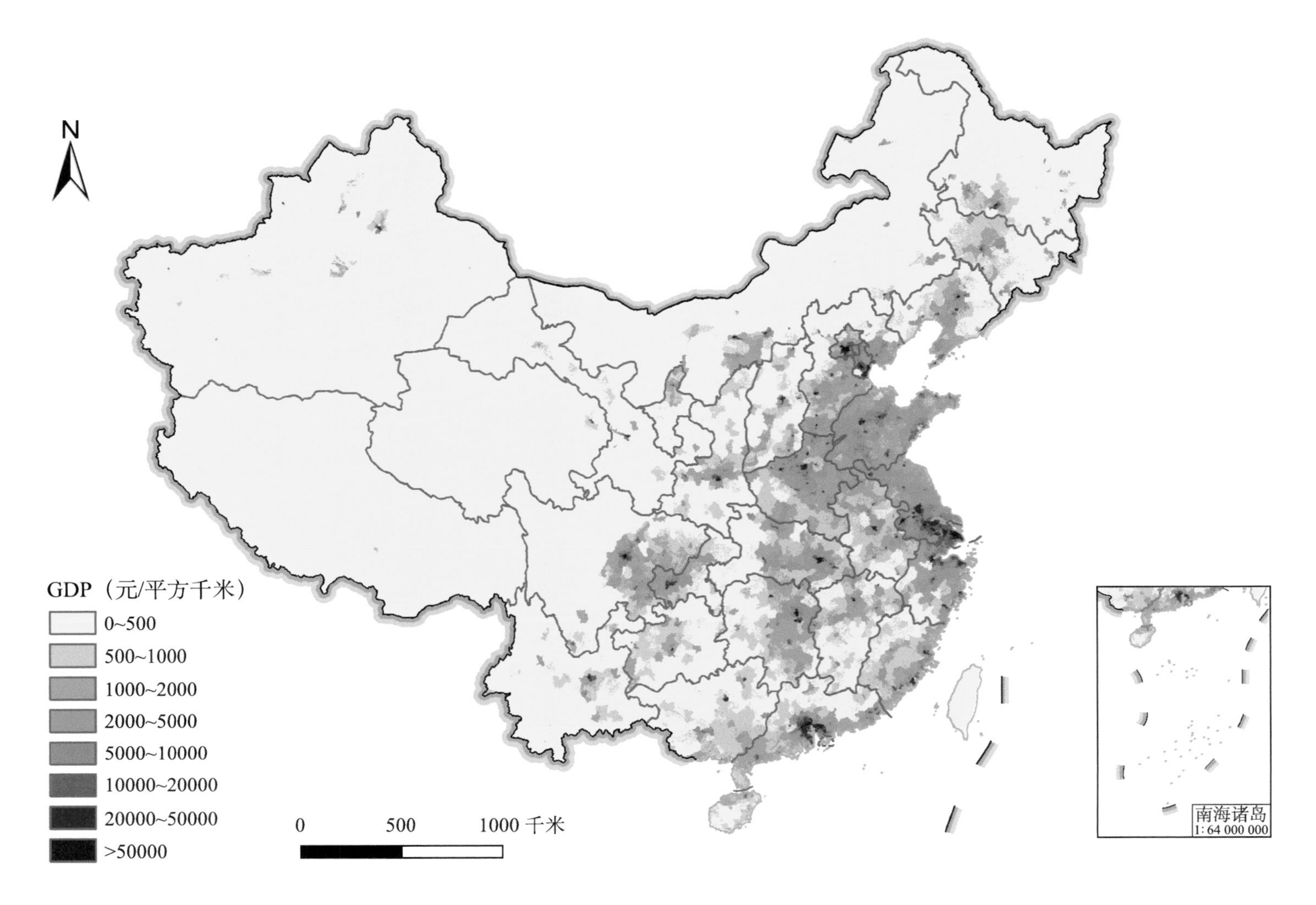
N
GDP（元/平方千米）
0~500
500~1000
1000~2000
2000~5000
5000~10000
10000~20000
20000~50000
>50000
0
500
1000 千米
南海诸岛
1: 64 000 000

图 1-4　2015 年中国公里网格 GDP 空间分布

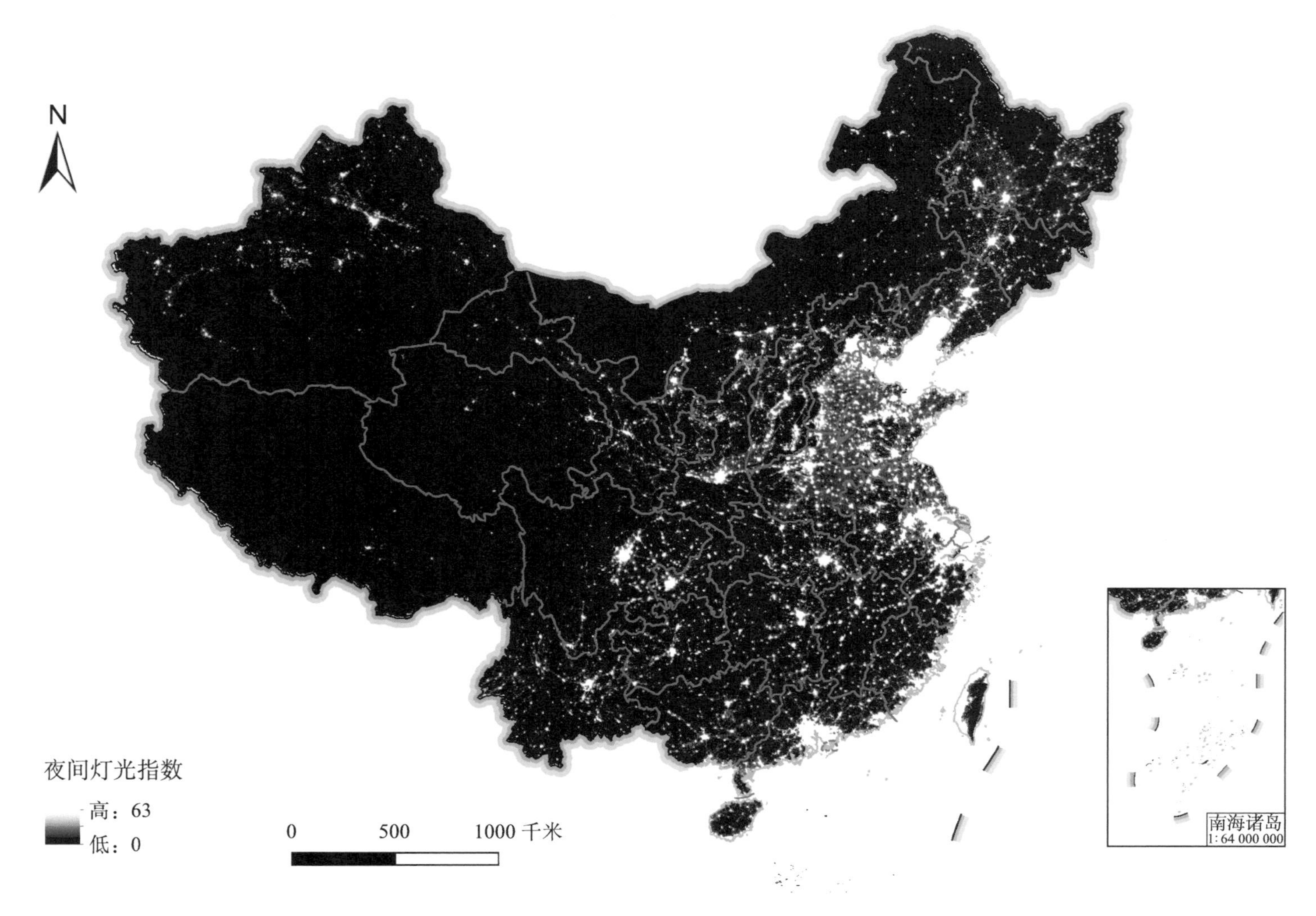
N
夜间灯光指数
高：63
低：0
0
500
1000 千米
南海诸岛
1: 64 000 000

图 1-5　2013 年中国夜间灯光指数分布

第二部分

SSPs情景下中国人口与GDP分布

本部分展示了基准年（2000年）以及3种共享社会经济路径（SSP1、SSP2、SSP3）下未来中国人口与GDP的空间分布。未来情景预估数据包含2030年和2050年。共包括14幅地图，其中2.1节为基准期人口与GDP分布，2.2节与2.3节分别介绍了SSPs情景下人口与GDP空间分布，数据空间分辨率为0.5°×0.5°。本部分通过多情景、多时段的人口与经济空间预估数据反映气候变化下我国未来社会经济发展的总体态势及人口与经济分布的时空分异情况。

2.1 基准期中国人口与 GDP 分布

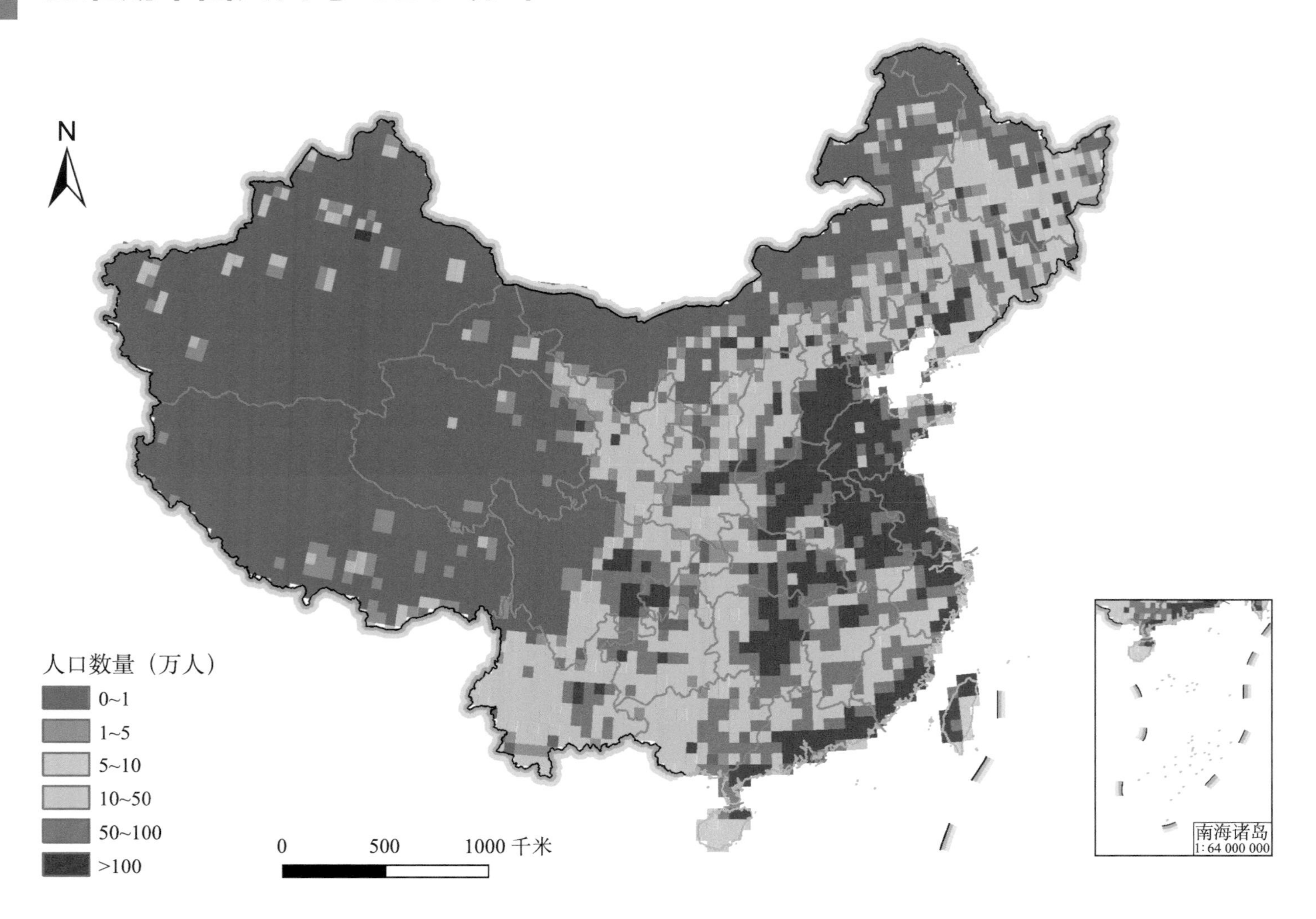
N
人口数量（万人）
0~1
1~5
5~10
10~50
50~100
>100
0
500
1000 千米
南海诸岛
1: 64 000 000

图 2-1　2000 年中国人口空间分布

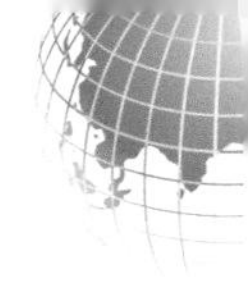

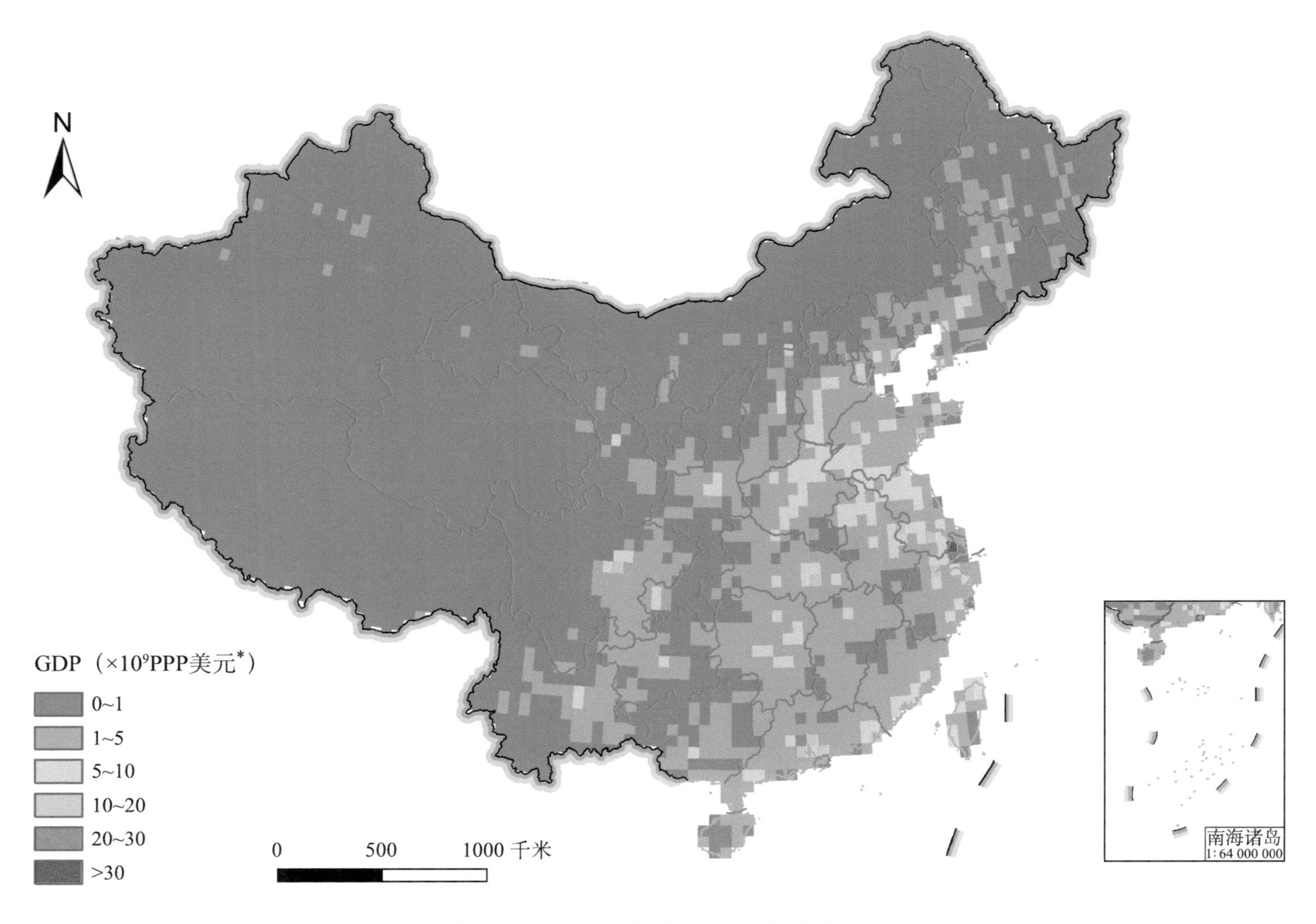
N
GDP（×10⁹PPP美元*）
0~1
1~5
5~10
10~20
20~30
>30
0
500
1000 千米
南海诸岛
1∶64 000 000

图 2-2　2000 年中国 GDP 空间分布

* PPP 美元：按购买力平价方法以美元为单位计算的 GDP。购买力平价是根据各国不同的价格水平计算出来的货币之间的等值系数。

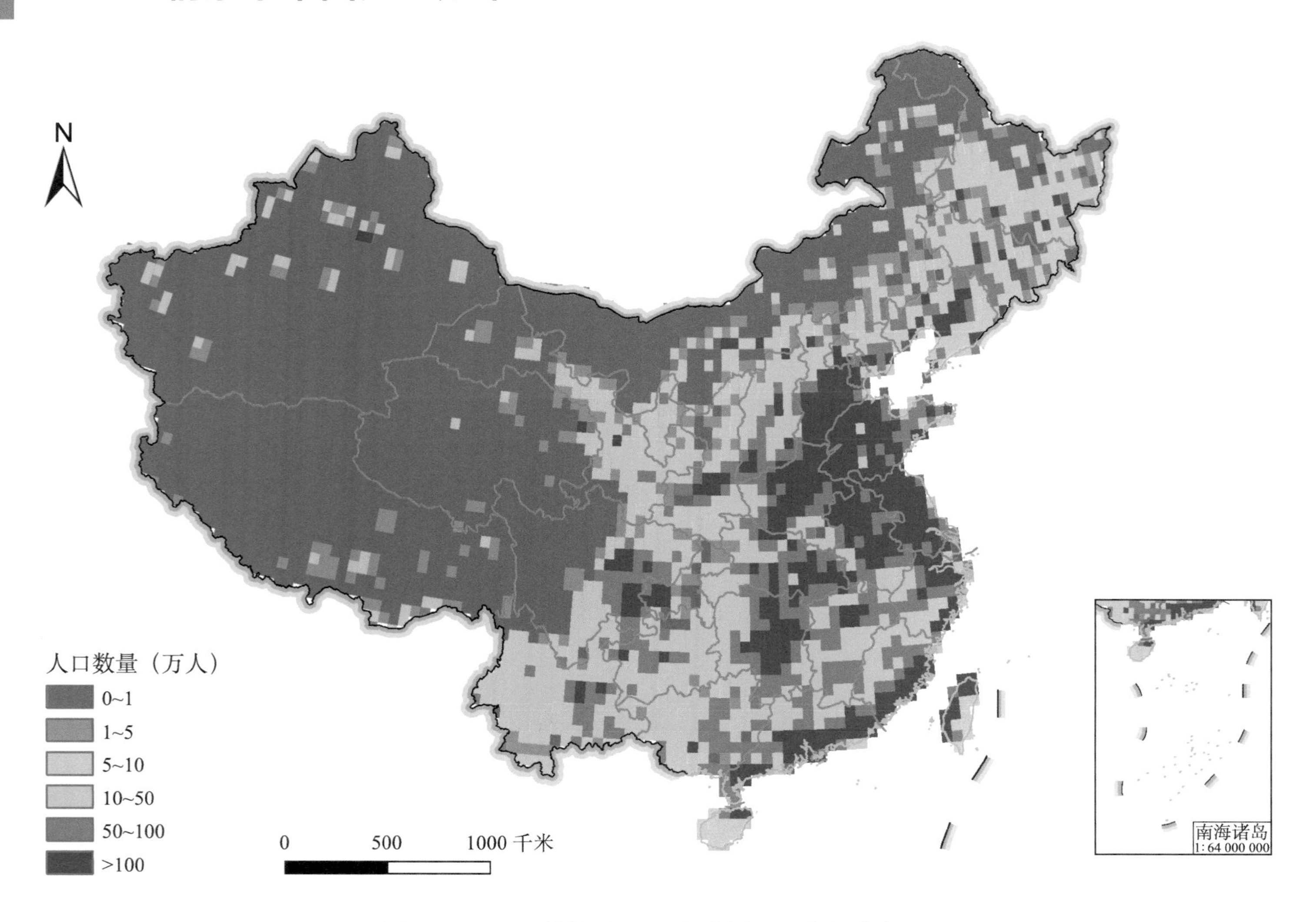
N
人口数量（万人）
0~1
1~5
5~10
10~50
50~100
>100
0
500
1000 千米
南海诸岛
1: 64 000 000

图 2-3　SSP1 情景下 2030 年中国人口空间分布

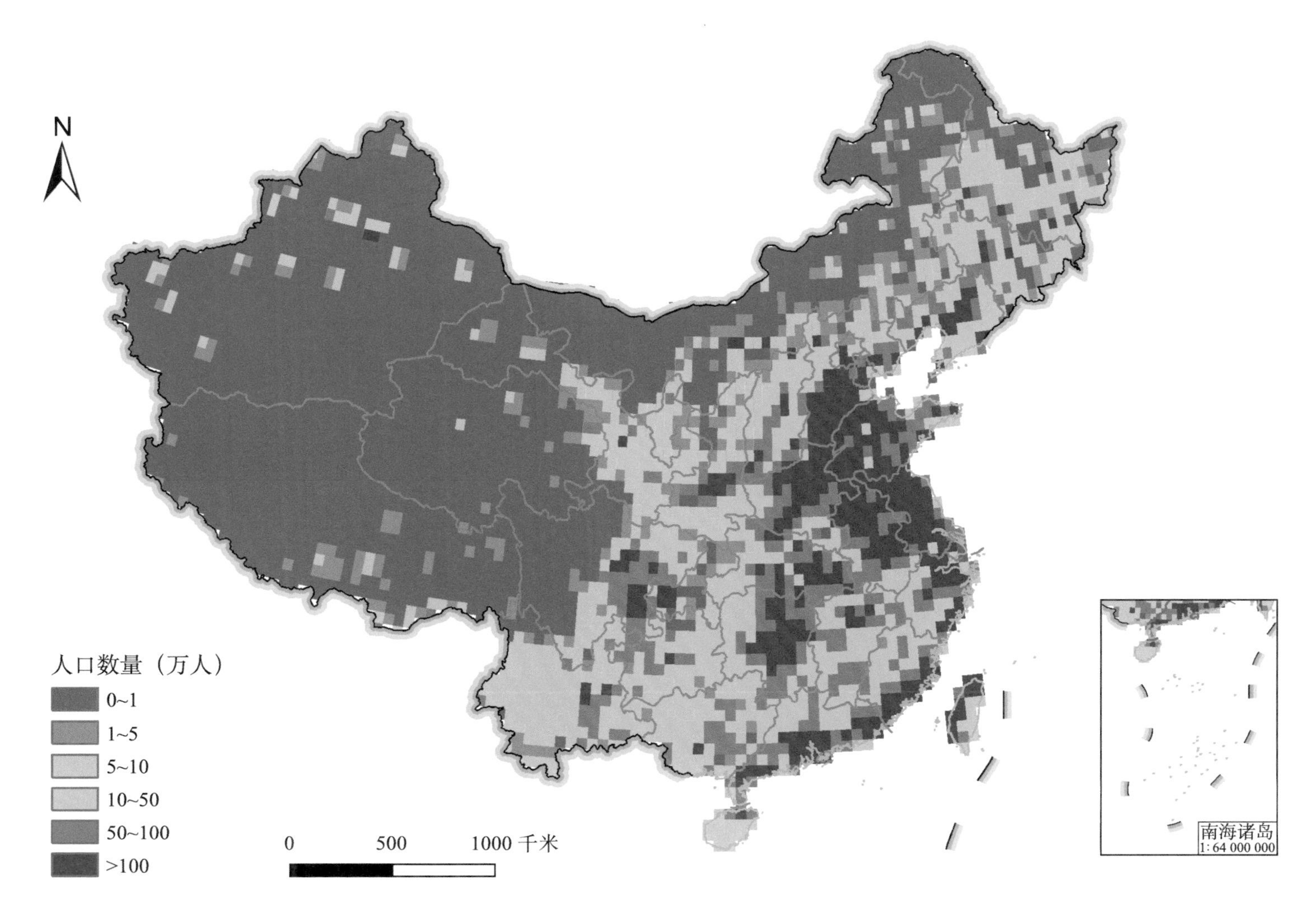
N
人口数量（万人）
0~1
1~5
5~10
10~50
50~100
>100
0
500
1000 千米
南海诸岛
1: 64 000 000

图 2-4　SSP1 情景下 2050 年中国人口空间分布

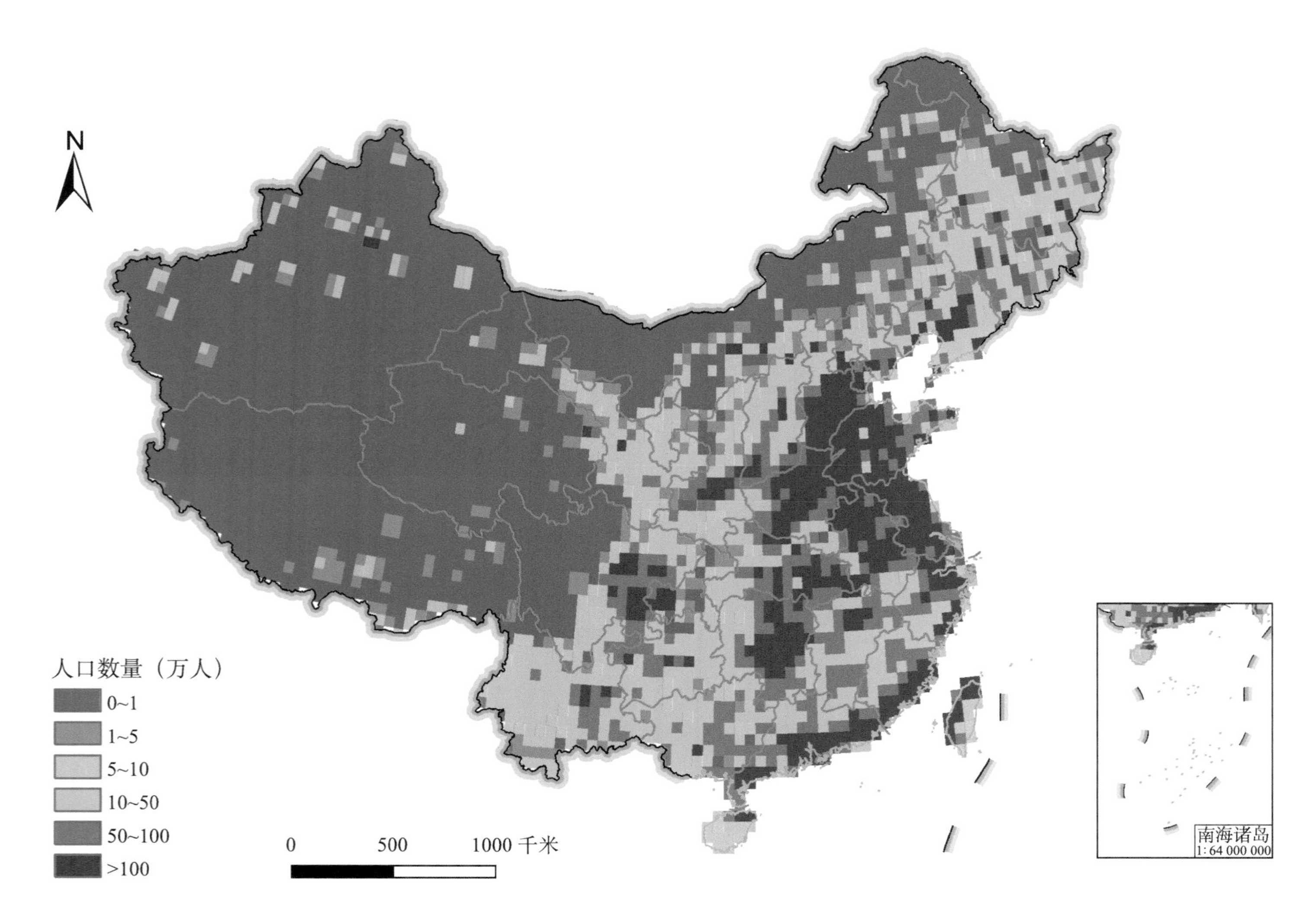
N
人口数量（万人）
0~1
1~5
5~10
10~50
50~100
>100
0
500
1000 千米
南海诸岛
1: 64 000 000

图 2-5　SSP2 情景下 2030 年中国人口空间分布

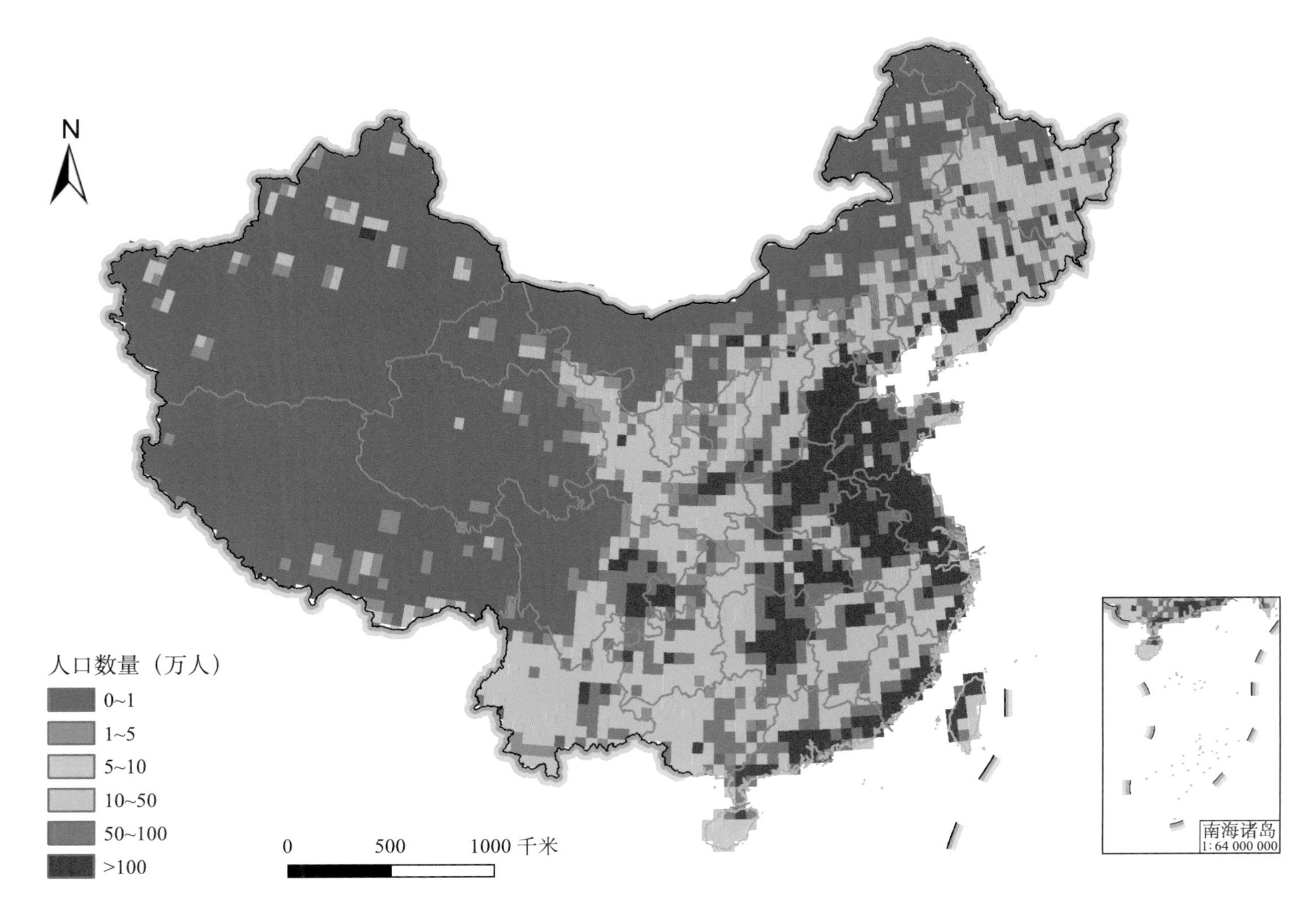
N
人口数量（万人）
0~1
1~5
5~10
10~50
50~100
>100
0
500
1000 千米
南海诸岛
1∶64 000 000

图 2-6　SSP2 情景下 2050 年中国人口空间分布

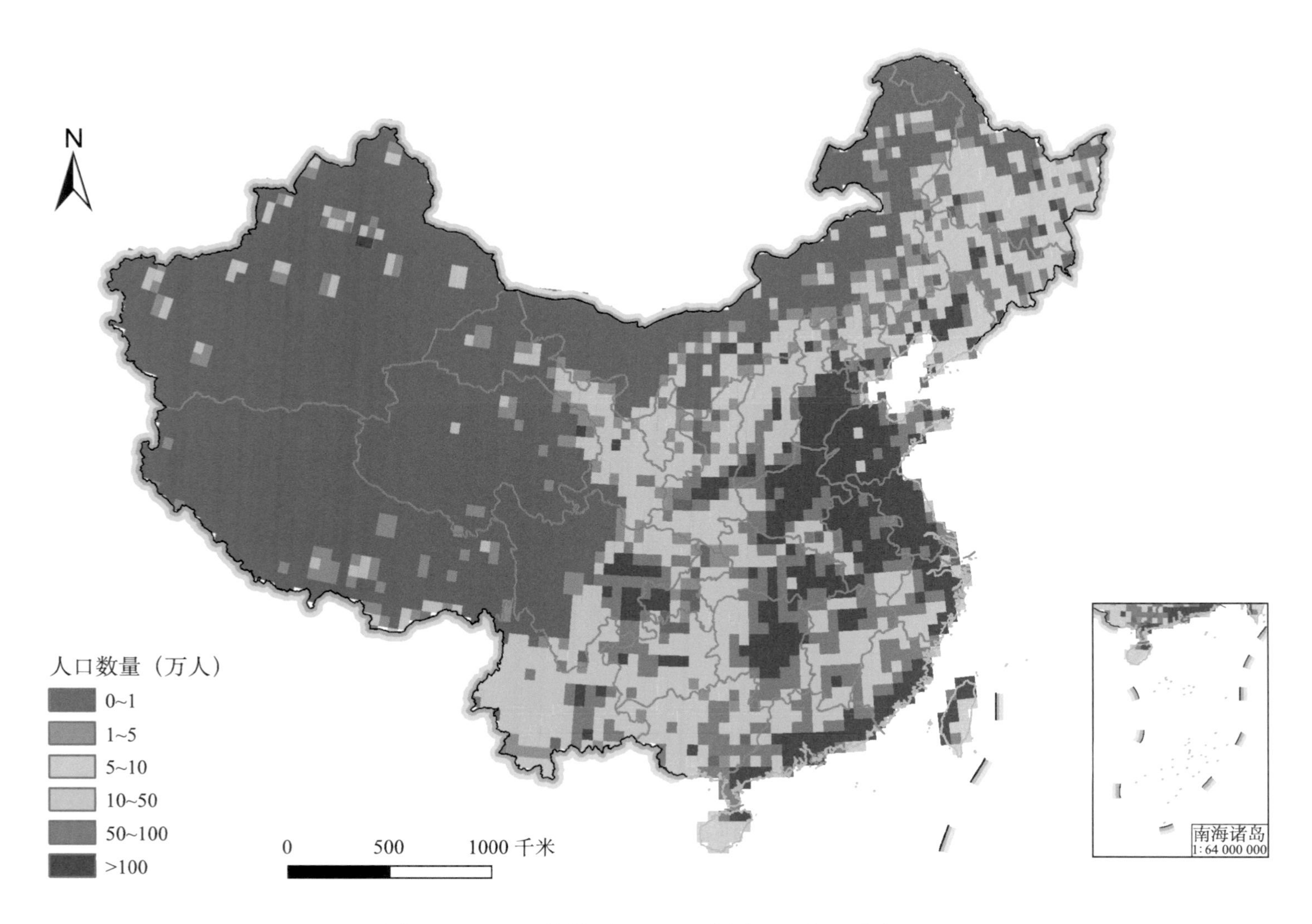
N
人口数量（万人）
0~1
1~5
5~10
10~50
50~100
>100
0
500
1000 千米
南海诸岛
1: 64 000 000

图 2-7　SSP3 情景下 2030 年中国人口空间分布

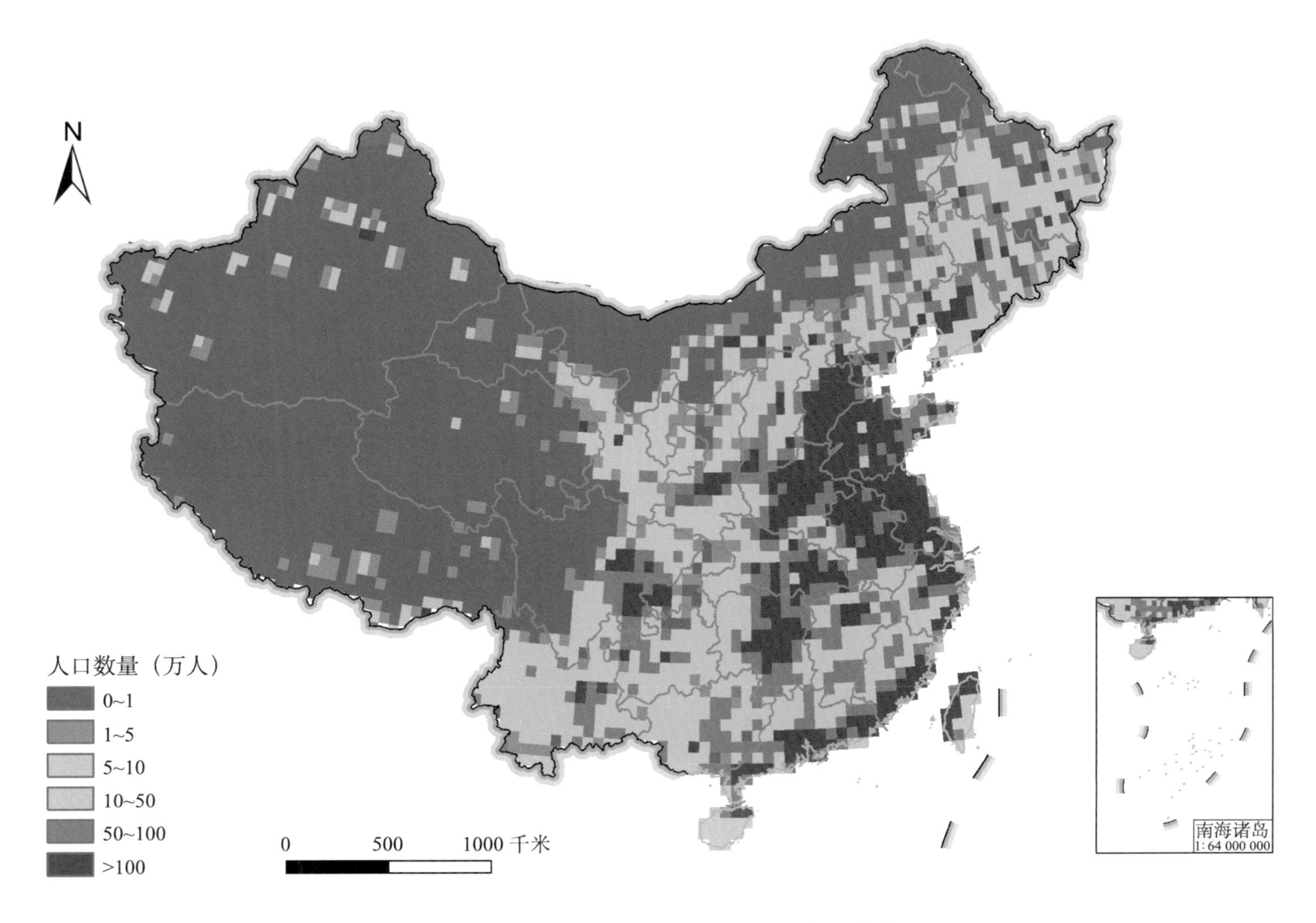
N
人口数量（万人）
0~1
1~5
5~10
10~50
50~100
>100
0
500
1000 千米
南海诸岛
1: 64 000 000

图 2-8　SSP3 情景下 2050 年中国人口空间分布

2.3 SSPs 情景下中国 GDP 分布

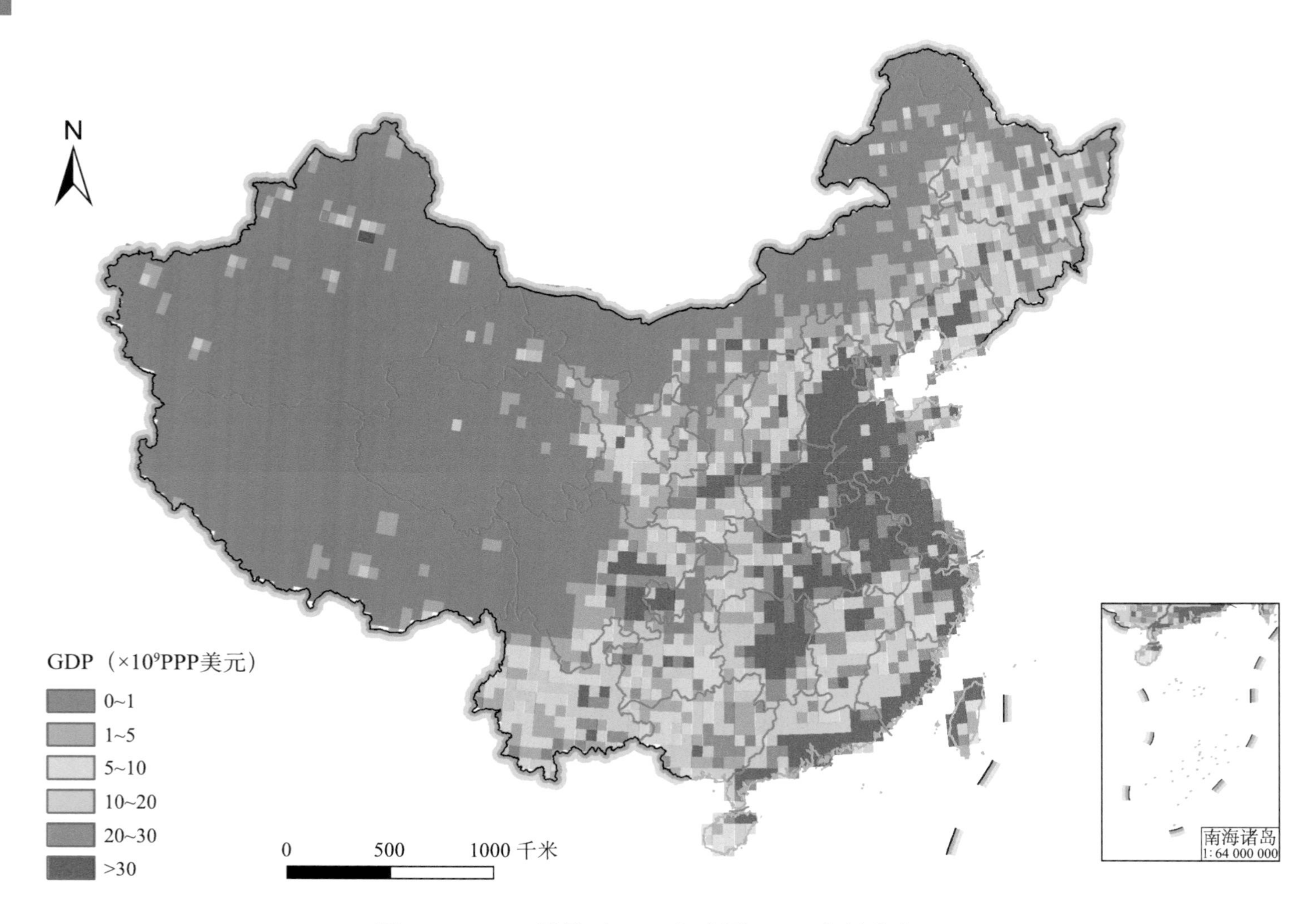

N
GDP（×10⁹PPP美元）
0~1
1~5
5~10
10~20
20~30
>30
0
500
1000 千米
南海诸岛
1: 64 000 000

图 2-9　SSP1 情景下 2030 年中国 GDP 空间分布

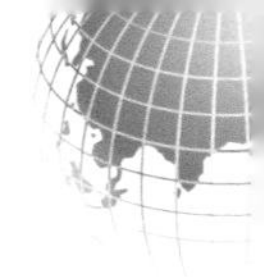

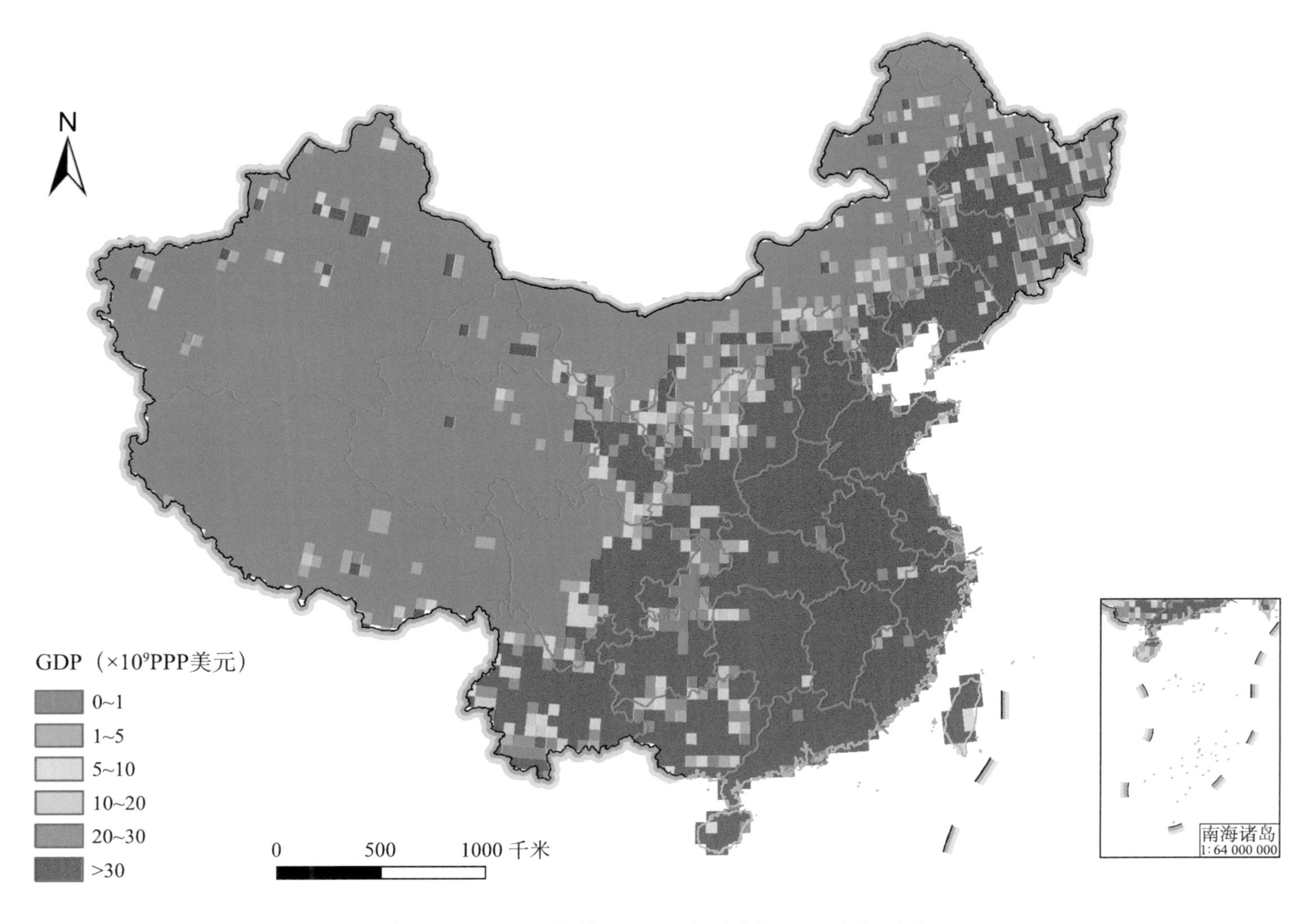
N
GDP（×10⁹PPP美元）
0~1
1~5
5~10
10~20
20~30
>30
0　500　1000 千米
南海诸岛
1:64 000 000

图 2-10　SSP1 情景下 2050 年中国 GDP 空间分布

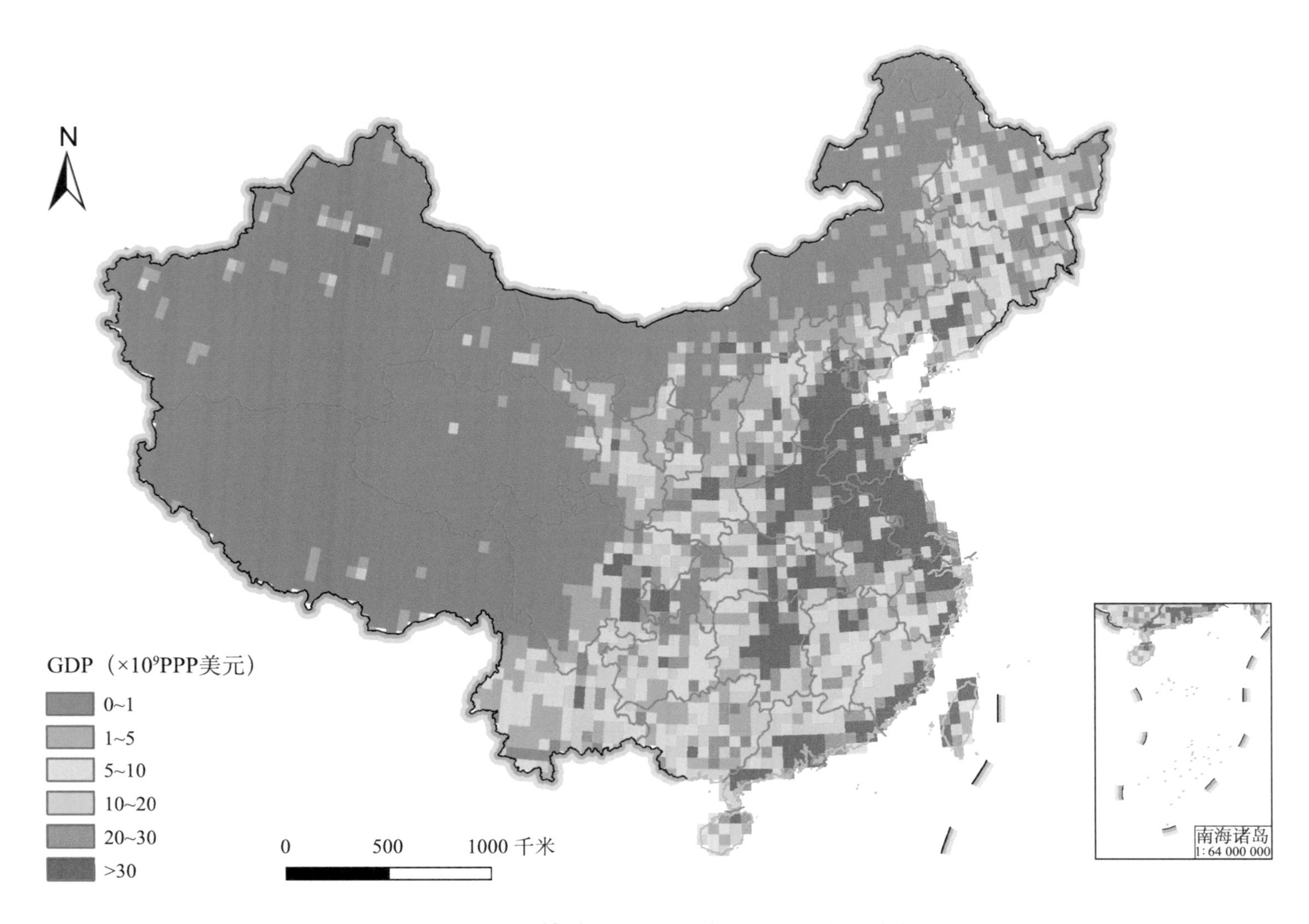
N
GDP（×10⁹PPP美元）
0~1
1~5
5~10
10~20
20~30
>30
0
500
1000 千米
南海诸岛
1: 64 000 000

图 2-11　SSP2 情景下 2030 年中国 GDP 空间分布

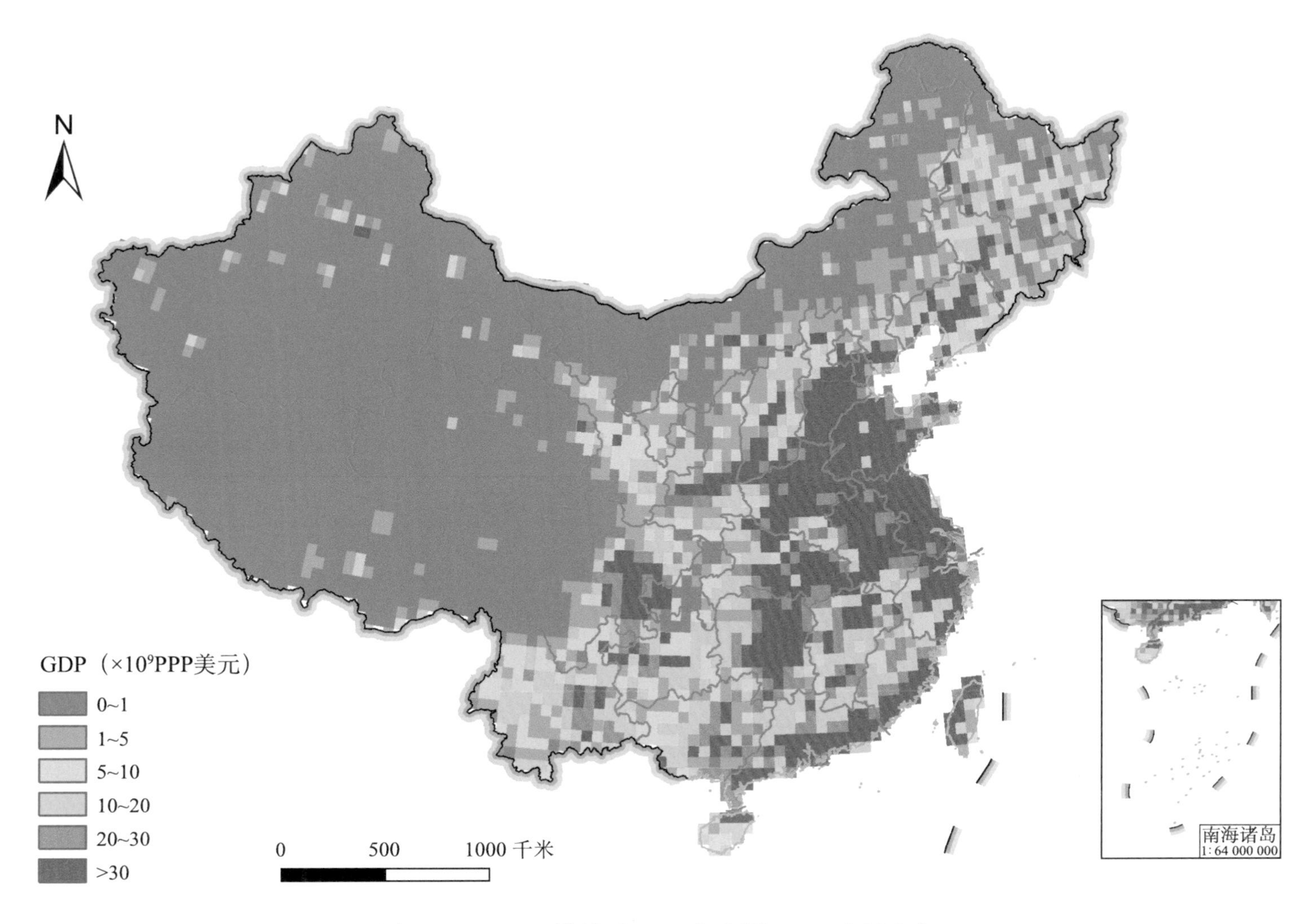
N
GDP（×10⁹PPP美元）
0~1
1~5
5~10
10~20
20~30
>30
0
500
1000 千米
南海诸岛
1∶64 000 000

图 2-12　SSP2 情景下 2050 年中国 GDP 空间分布

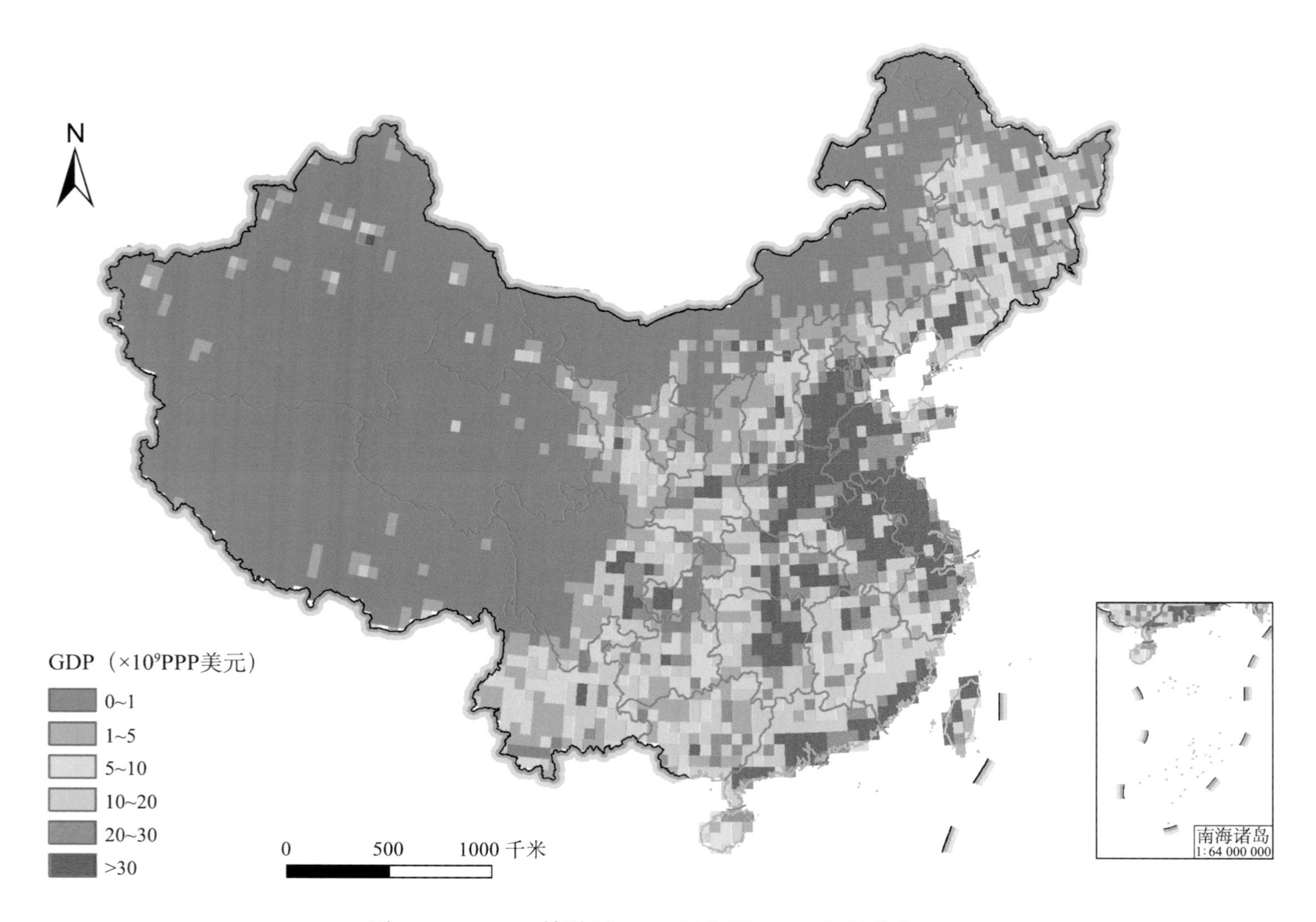
N
GDP（×10⁹PPP美元）
0~1
1~5
5~10
10~20
20~30
>30
0
500
1000 千米
南海诸岛
1: 64 000 000

图 2-13　SSP3 情景下 2030 年中国 GDP 空间分布

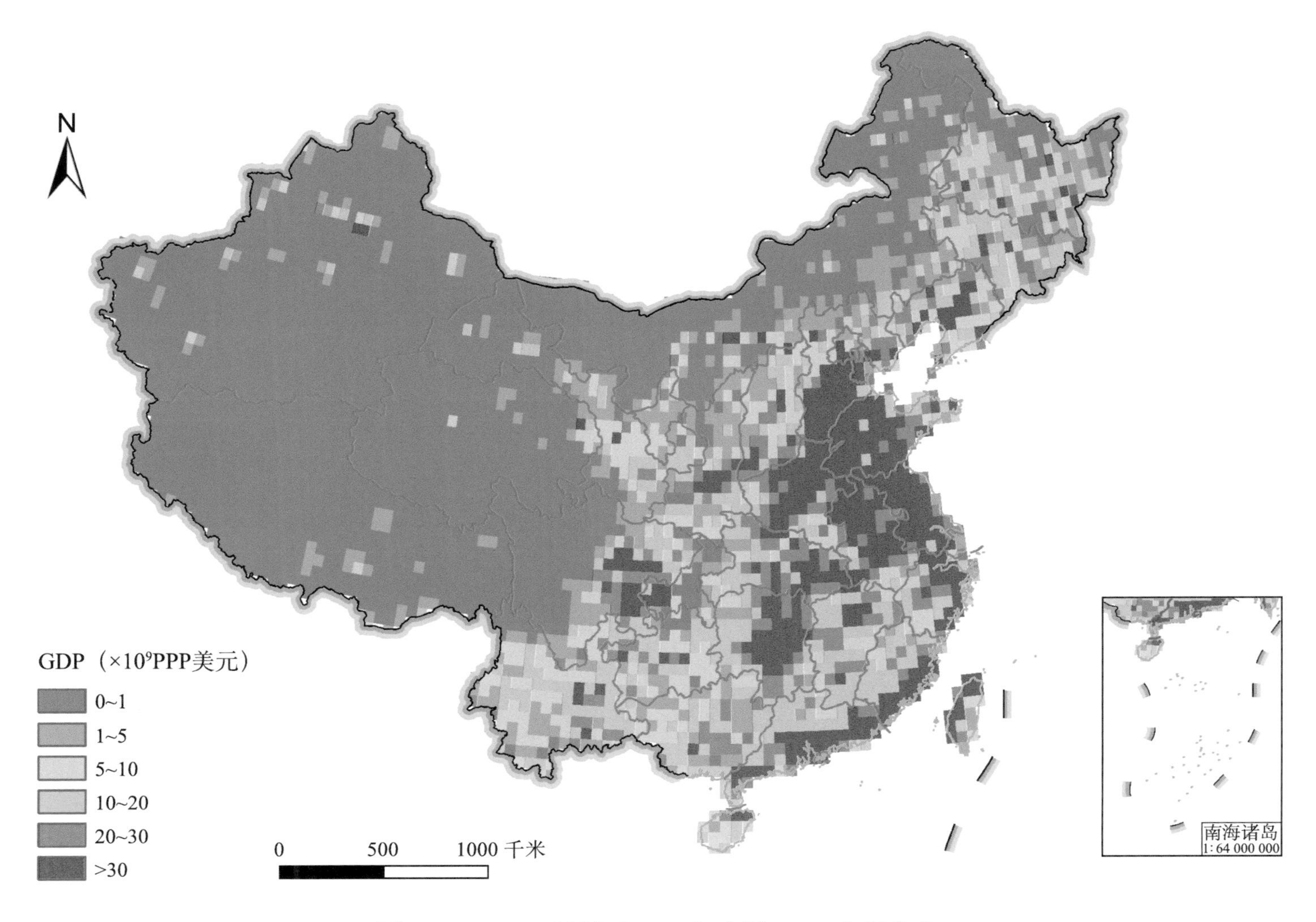
N
GDP（×10⁹PPP美元）
0~1
1~5
5~10
10~20
20~30
>30
0
500
1000 千米
南海诸岛
1:64 000 000

图 2-14　SSP3 情景下 2050 年中国 GDP 空间分布

第三部分

气候变化下
中国干旱频率分布

本部分展示了气候变化背景下多情景和多时段的中国干旱频率空间分布情况，包括基准期（1986—2005 年）以及 3 种典型浓度路径下（RCP2.6、RCP4.5、RCP8.5）未来近期（2016—2035 年）与中期（2046—2065 年）以及升温 1.5℃情景（RCP2.6，2020—2039 年）和升温 2.0℃情景（RCP4.5，2040—2059 年）。共包含 25 幅地图，其中 3.1，3.2，3.3 节分别为基准期、RCPs 情景及两种升温情景下中国干旱频率；3.4 节和 3.5 节分别为 RCPs 情景及两种升温情景下干旱频率相对于基准期的变化，均包含绝对变化与相对变化，数据空间分辨率为 0.5°×0.5°。本部分通过多模式、多情景、多时段的气候预估数据反映气候变化下我国未来干旱及其变化的时空分异。

3.1 基准期干旱频率

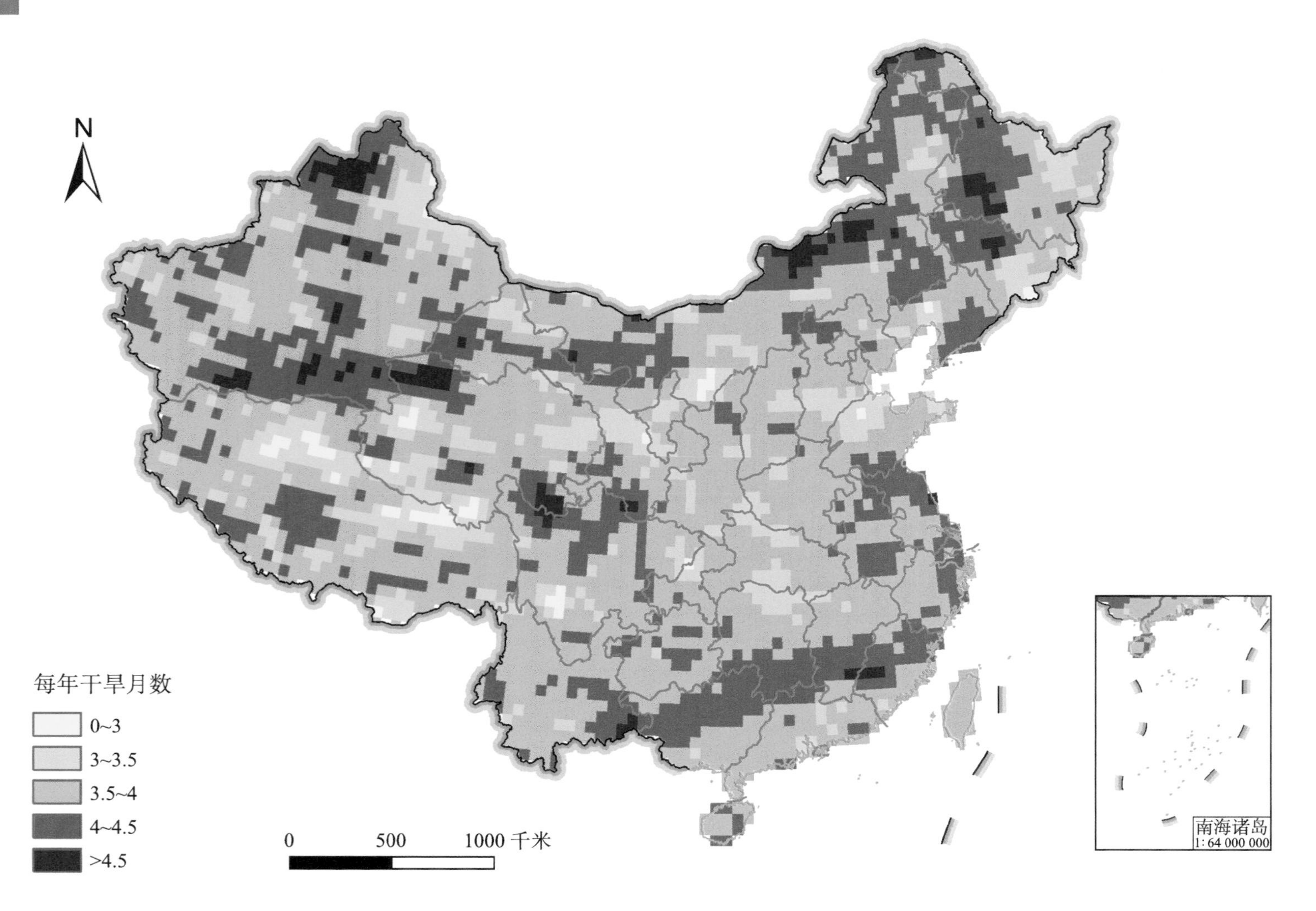

N
每年干旱月数
0~3
3~3.5
3.5~4
4~4.5
>4.5
0
500
1000 千米
南海诸岛
1: 64 000 000

图 3-1　基准期中国干旱频率分布

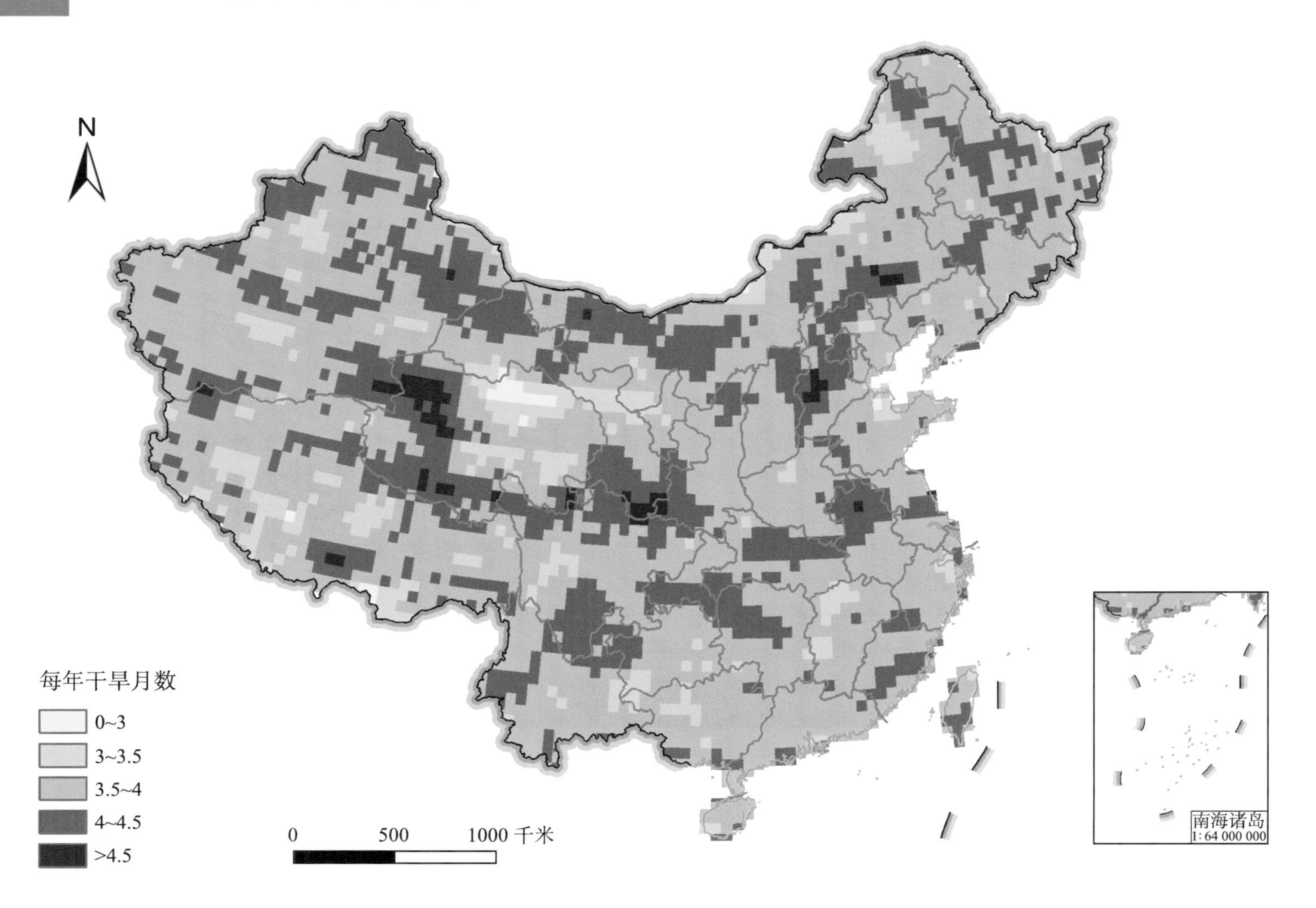
N
每年干旱月数
0~3
3~3.5
3.5~4
4~4.5
>4.5
0
500
1000 千米
南海诸岛
1: 64 000 000

图 3-2 RCP2.6 情景下近期中国干旱频率分布

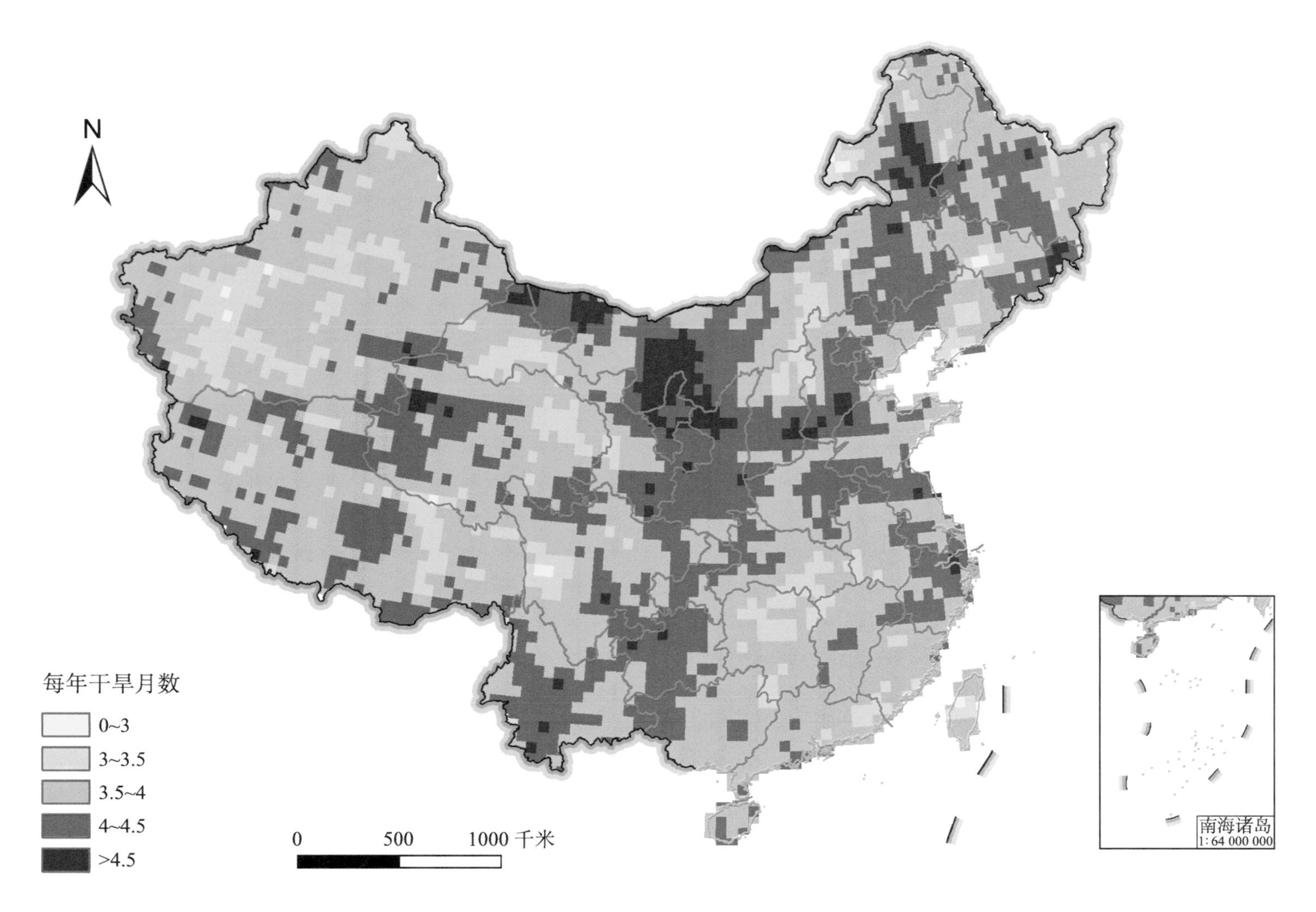
N
每年干旱月数
0~3
3~3.5
3.5~4
4~4.5
>4.5
0
500
1000 千米
南海诸岛
1: 64 000 000

图 3–3　RCP2.6 情景下中期中国干旱频率分布

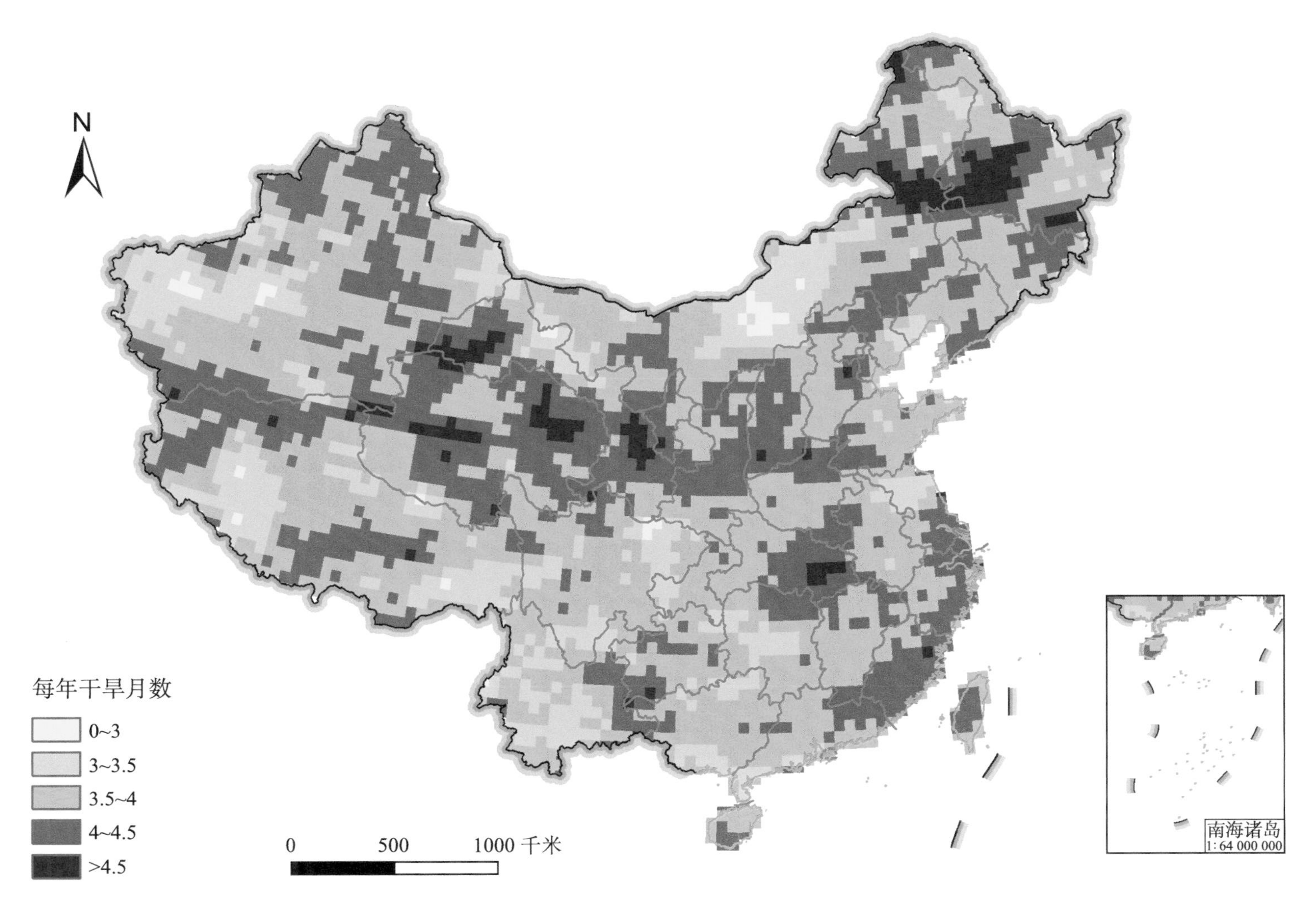
N
每年干旱月数
0~3
3~3.5
3.5~4
4~4.5
>4.5
0
500
1000 千米
南海诸岛
1:64 000 000

图 3-4　RCP4.5 情景下近期中国干旱频率分布

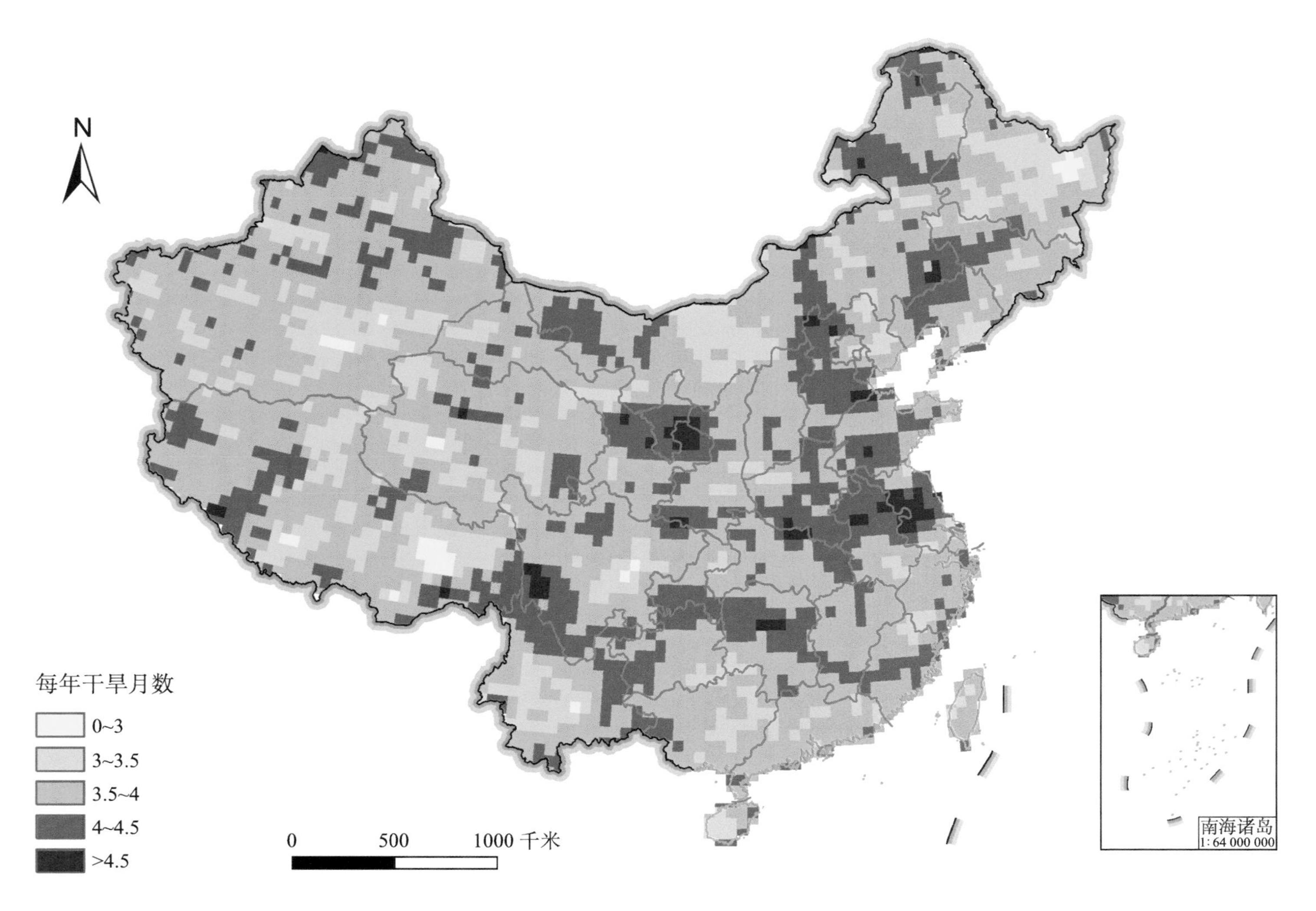
N
每年干旱月数
0~3
3~3.5
3.5~4
4~4.5
>4.5
0
500
1000 千米
南海诸岛
1: 64 000 000

图 3-5　RCP4.5 情景下中期中国干旱频率分布

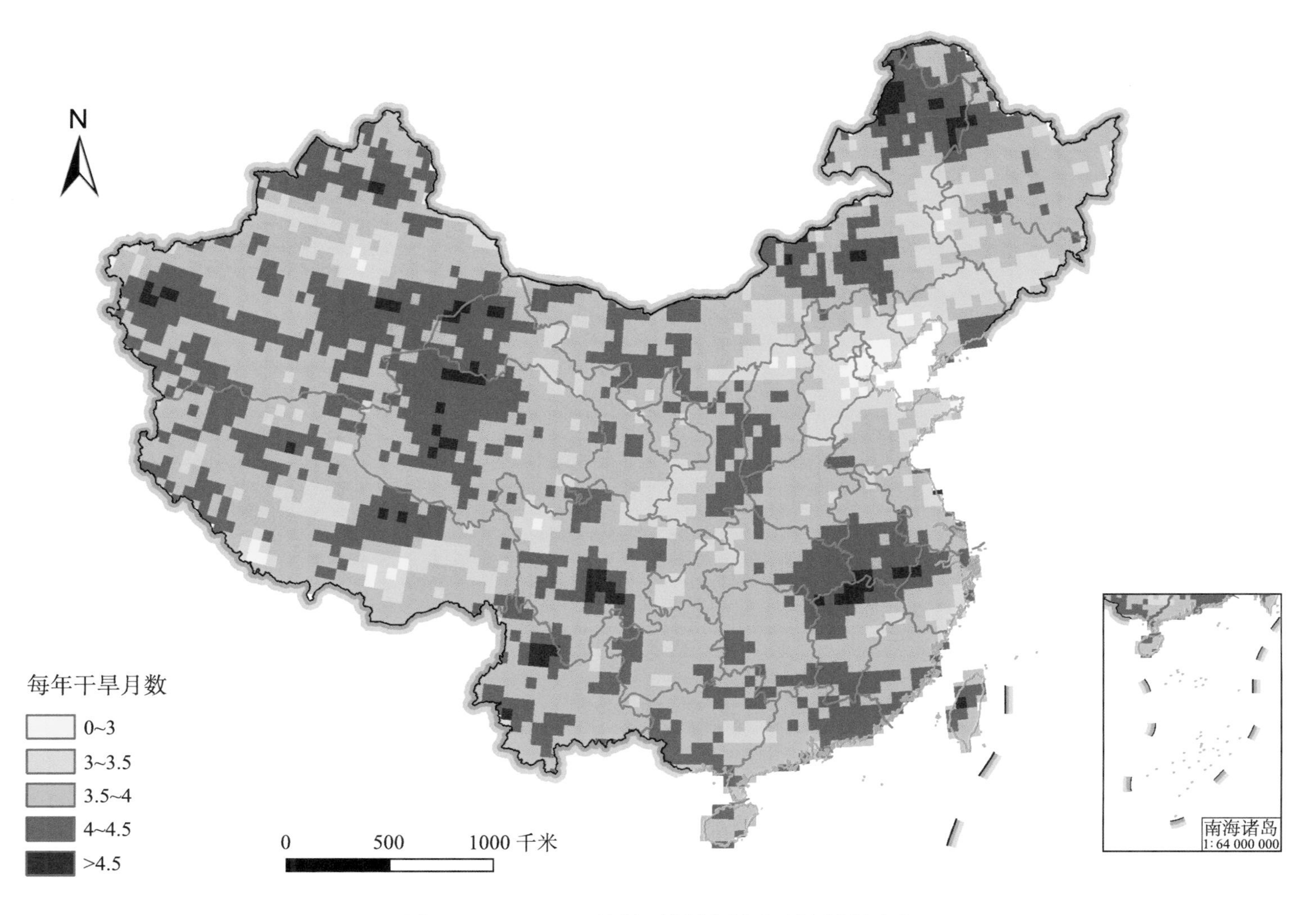
N
每年干旱月数
0~3
3~3.5
3.5~4
4~4.5
>4.5
0
500
1000 千米
南海诸岛
1: 64 000 000

图 3-6　RCP8.5 情景下近期中国干旱频率分布

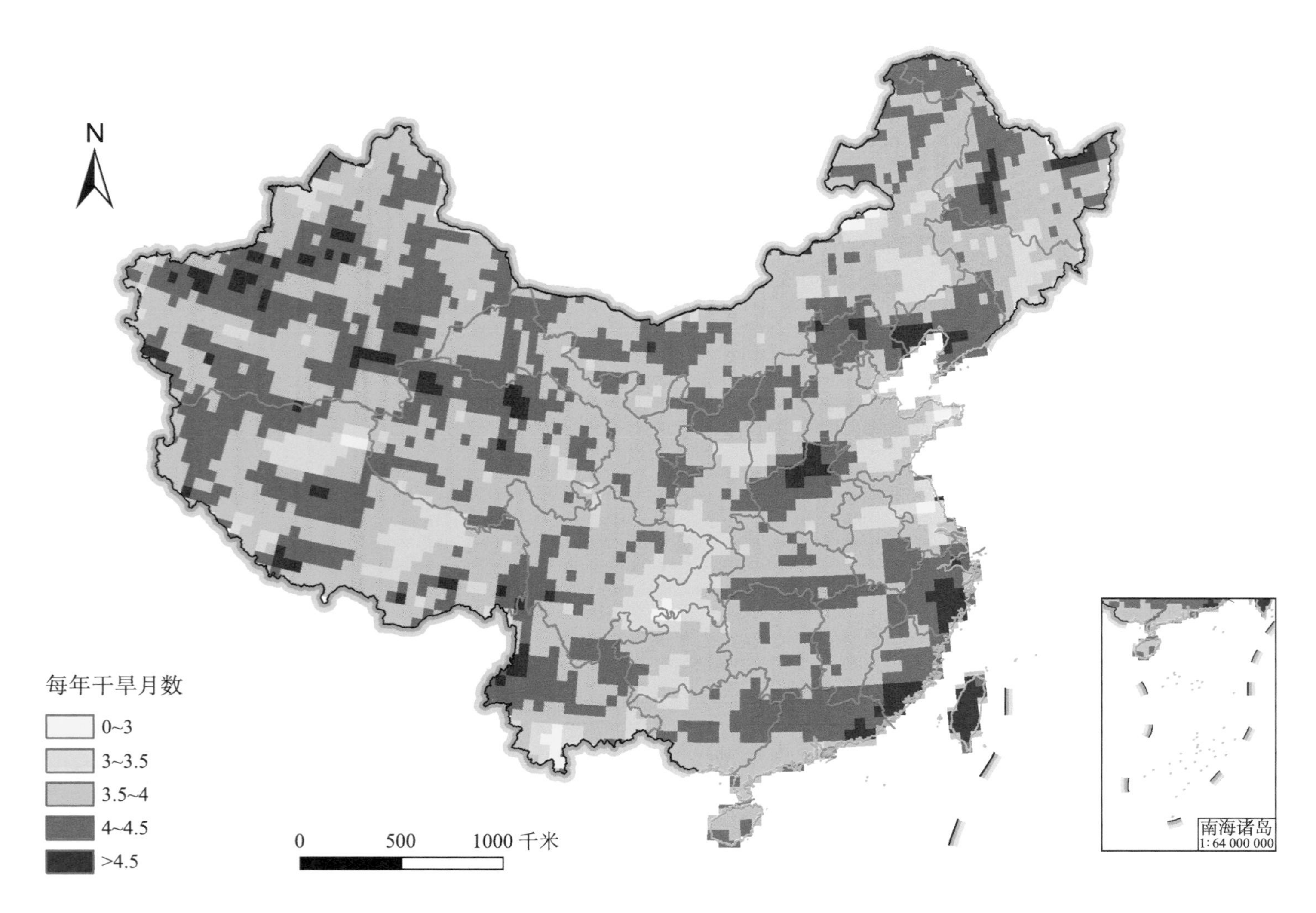
N
每年干旱月数
0~3
3~3.5
3.5~4
4~4.5
>4.5
0
500
1000 千米
南海诸岛
1: 64 000 000

图 3-7　RCP8.5 情景下中期中国干旱频率分布

3.3 升温 1.5℃和 2.0℃情景下干旱频率

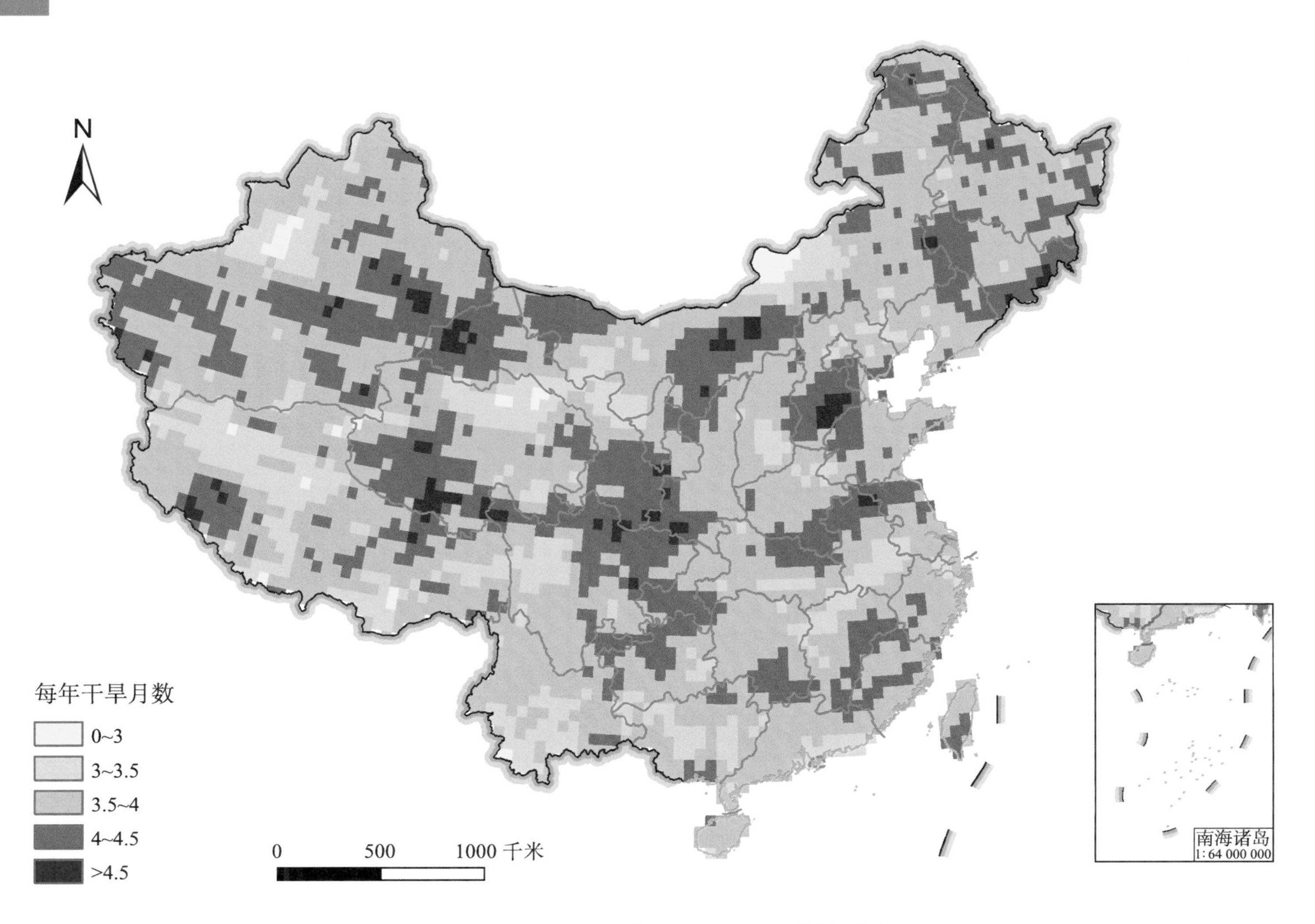
N
每年干旱月数
0~3
3~3.5
3.5~4
4~4.5
>4.5
0
500
1000 千米
南海诸岛
1:64 000 000

图 3-8　升温 1.5℃情景下中国干旱频率分布

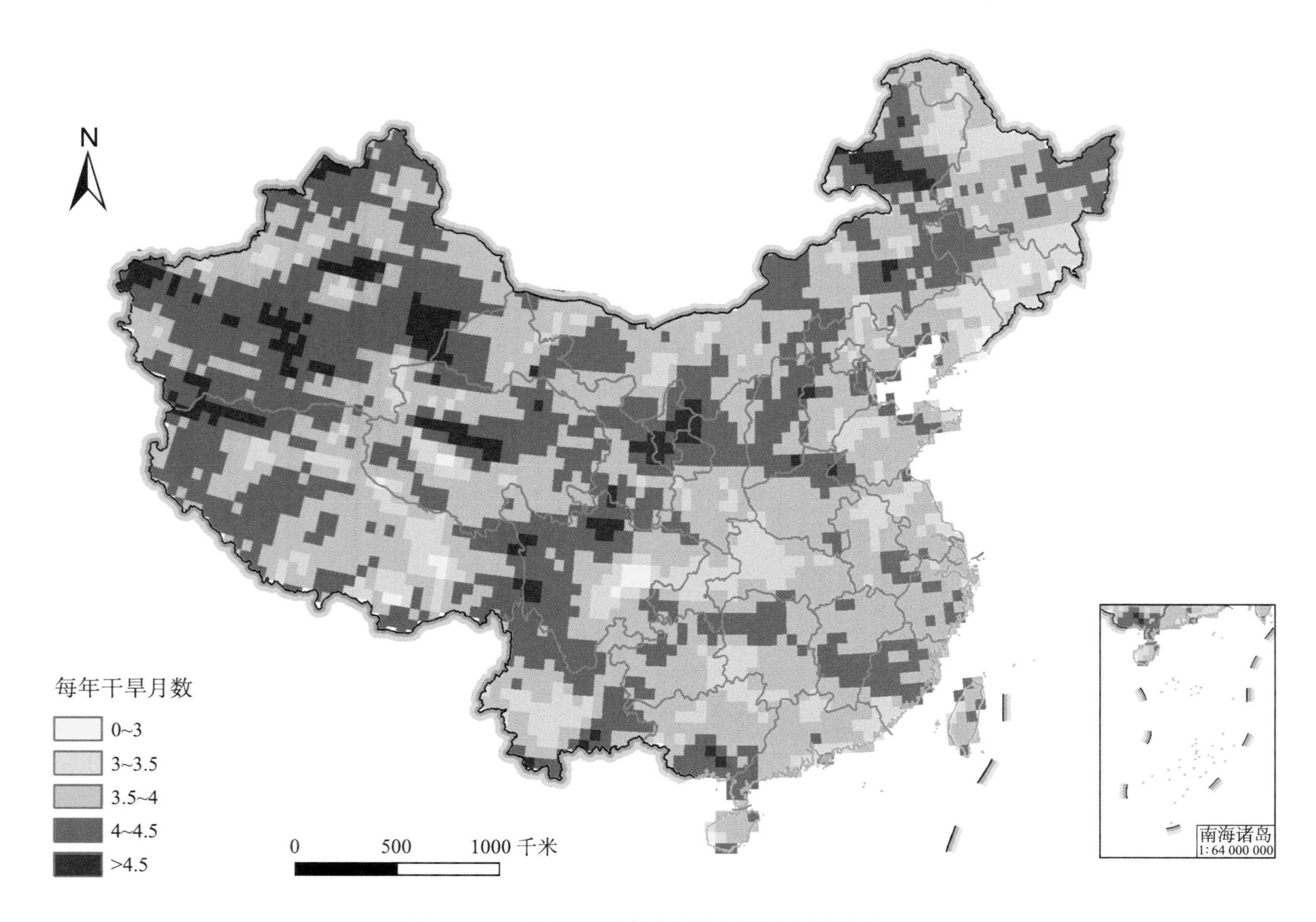
N
每年干旱月数
0~3
3~3.5
3.5~4
4~4.5
>4.5
0
500
1000 千米
南海诸岛
1: 64 000 000

图 3-9　升温 2.0℃情景下中国干旱频率分布

3.4 RCPs 情景下干旱频率变化

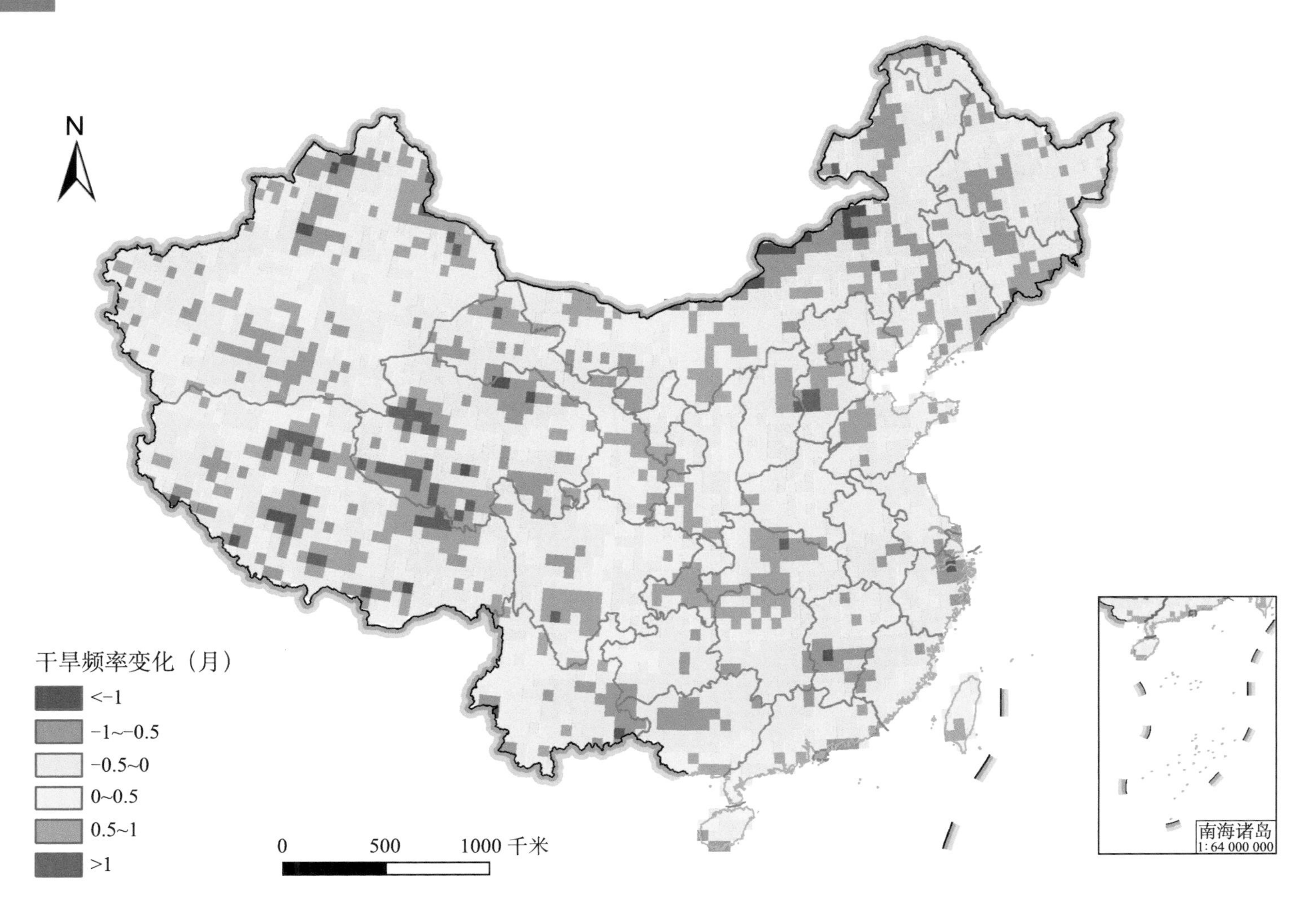
N
干旱频率变化（月）
<-1
-1~-0.5
-0.5~0
0~0.5
0.5~1
>1
0
500
1000 千米
南海诸岛
1:64 000 000

图 3-10　RCP2.6 情景下近期中国干旱频率变化

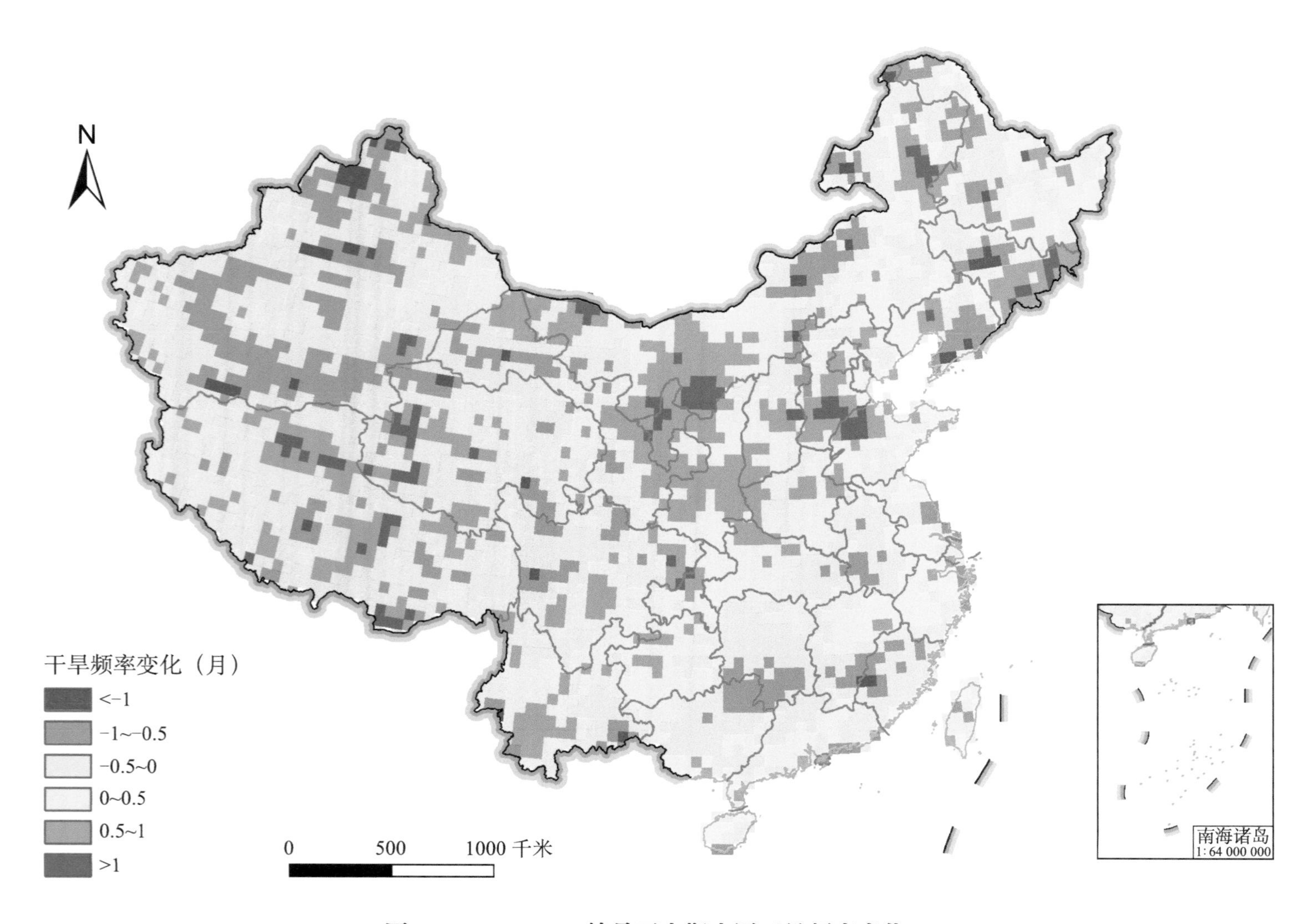
N
干旱频率变化（月）
<-1
-1~-0.5
-0.5~0
0~0.5
0.5~1
>1
0
500
1000 千米
南海诸岛
1:64 000 000

图 3-11　RCP2.6 情景下中期中国干旱频率变化

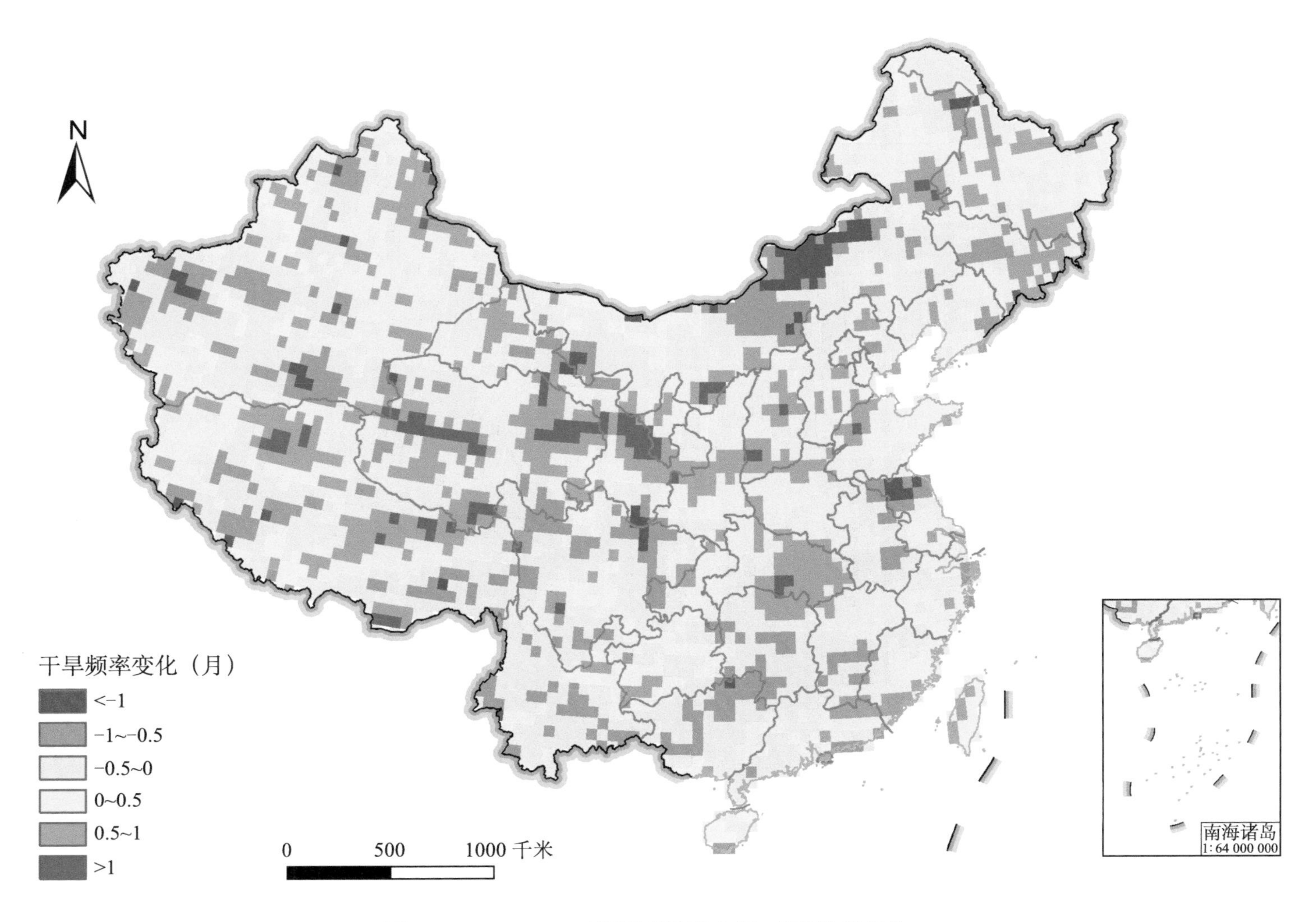
N
干旱频率变化（月）
<-1
-1~-0.5
-0.5~0
0~0.5
0.5~1
>1
0
500
1000 千米
南海诸岛
1: 64 000 000

图 3-12　RCP4.5 情景下近期中国干旱频率变化

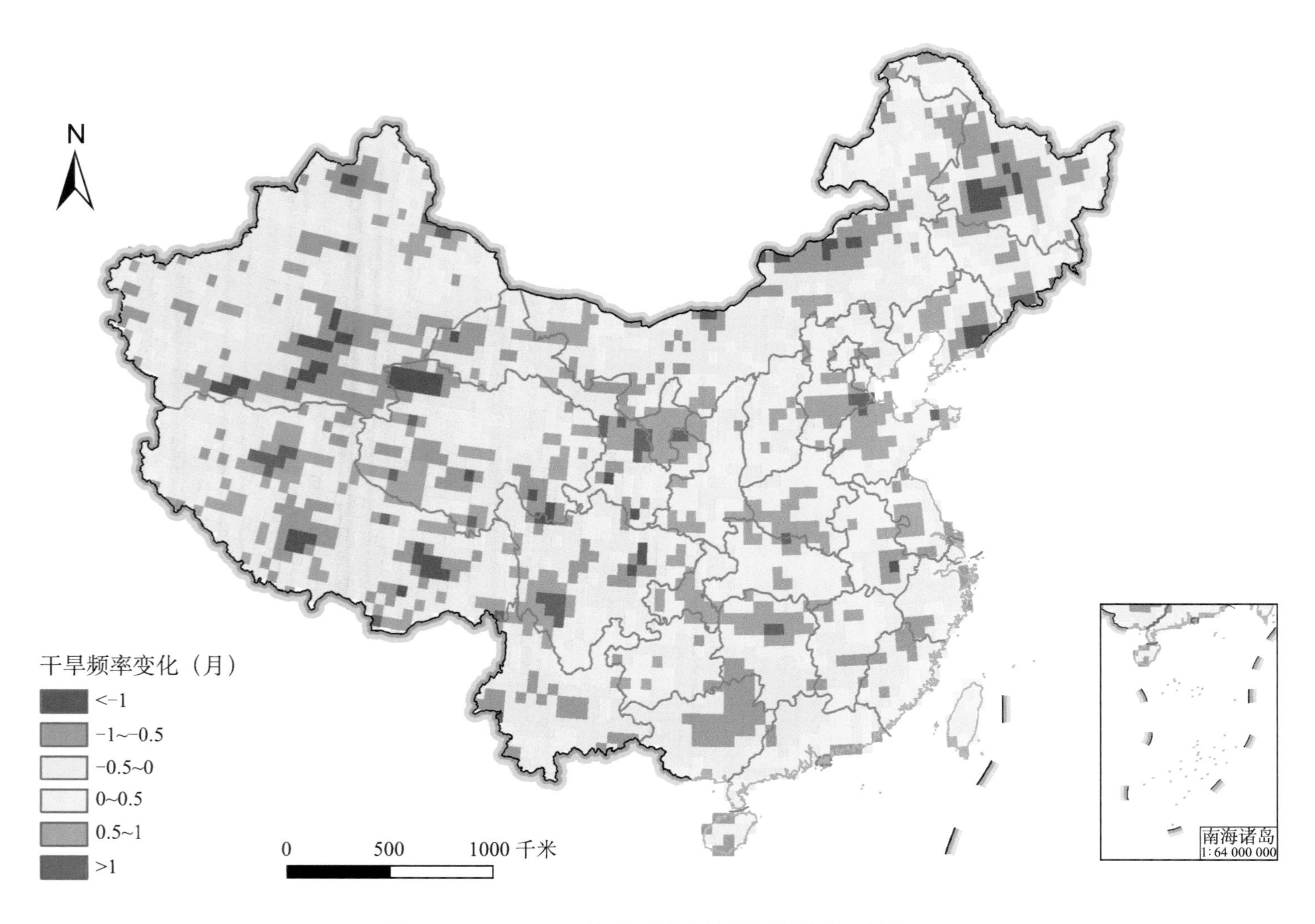
N
干旱频率变化（月）
<-1
-1~-0.5
-0.5~0
0~0.5
0.5~1
>1
0
500
1000 千米
南海诸岛
1: 64 000 000

图 3-13　RCP4.5 情景下中期中国干旱频率变化

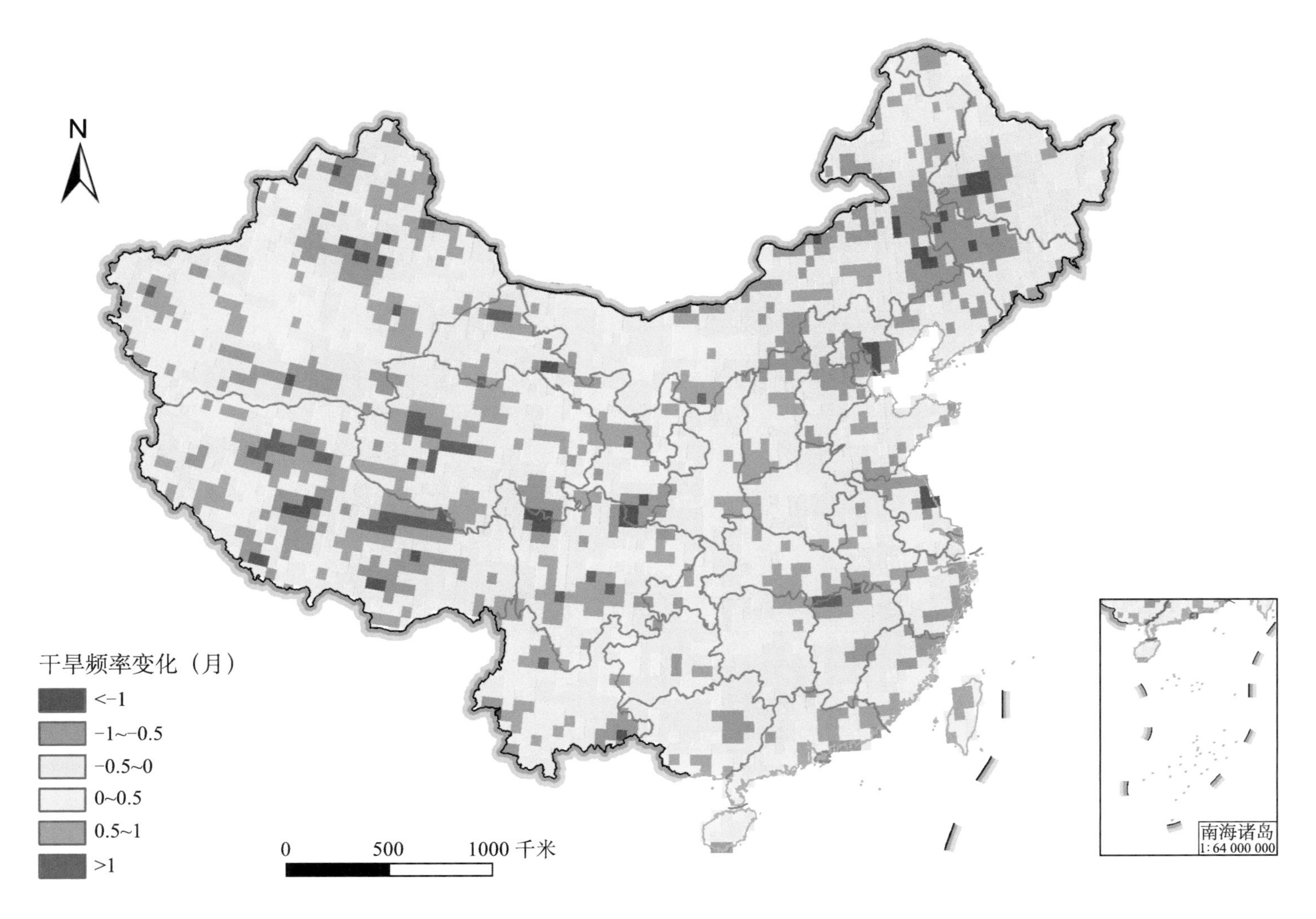
N
干旱频率变化（月）
<-1
-1~-0.5
-0.5~0
0~0.5
0.5~1
>1
0
500
1000 千米
南海诸岛
1: 64 000 000

图 3-14　RCP8.5 情景下近期中国干旱频率变化

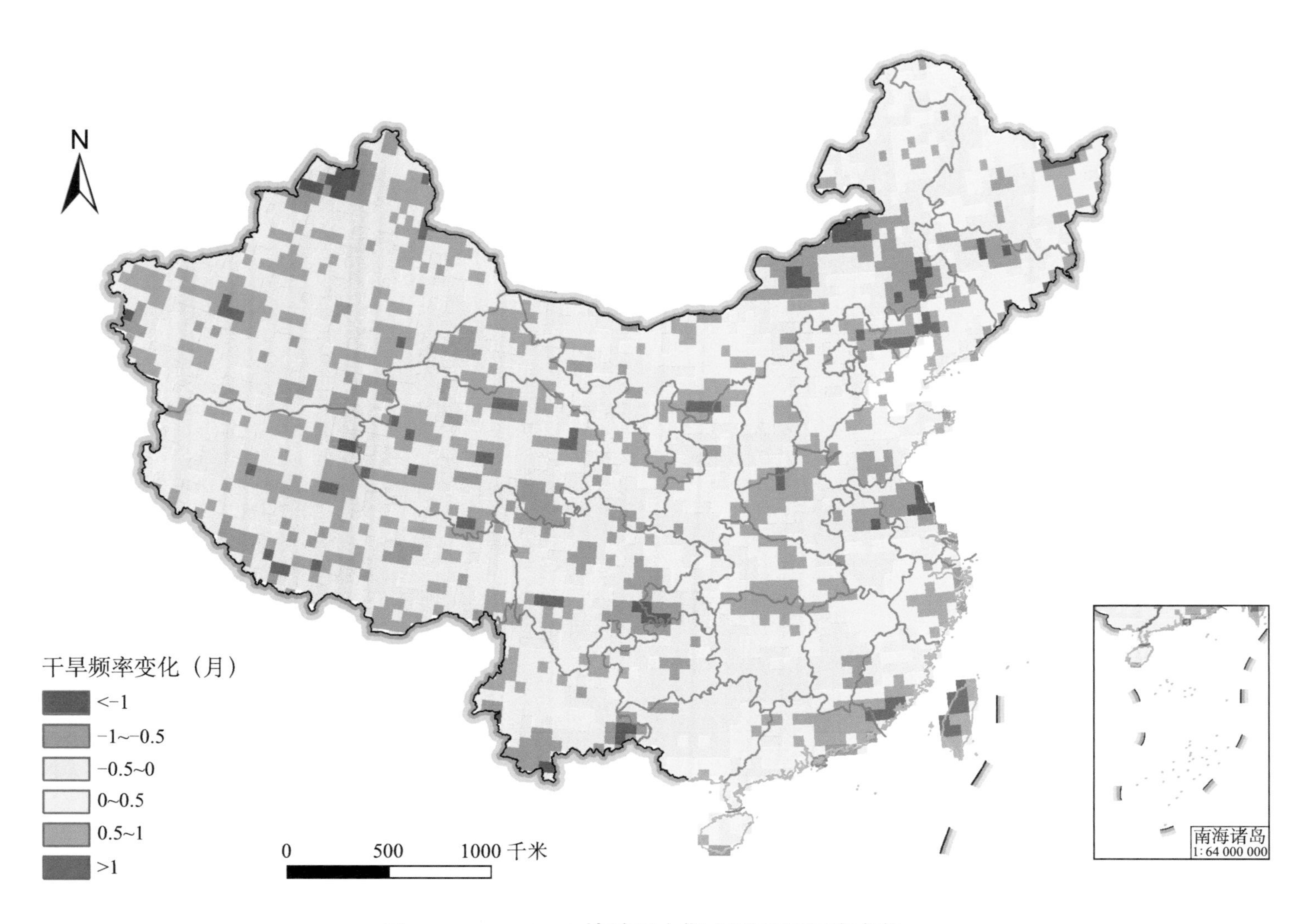
N
干旱频率变化（月）
<-1
-1~-0.5
-0.5~0
0~0.5
0.5~1
>1
0
500
1000 千米
南海诸岛
1: 64 000 000

图 3-15 RCP8.5 情景下中期中国干旱频率变化

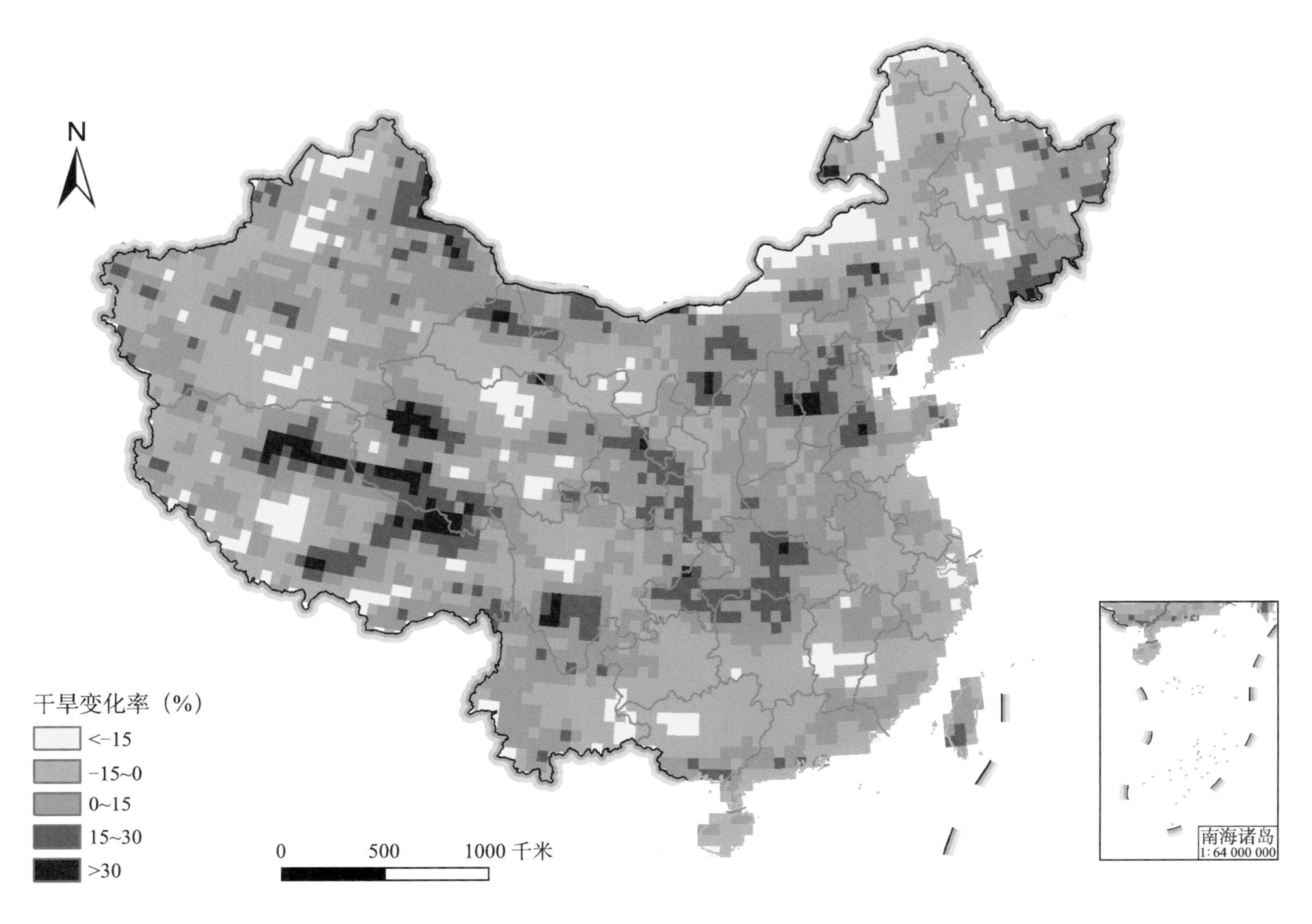
N
干旱变化率（%）
<-15
-15~0
0~15
15~30
>30
0
500
1000 千米
南海诸岛
1: 64 000 000

图 3-16　RCP2.6 情景下近期中国干旱频率相对变化

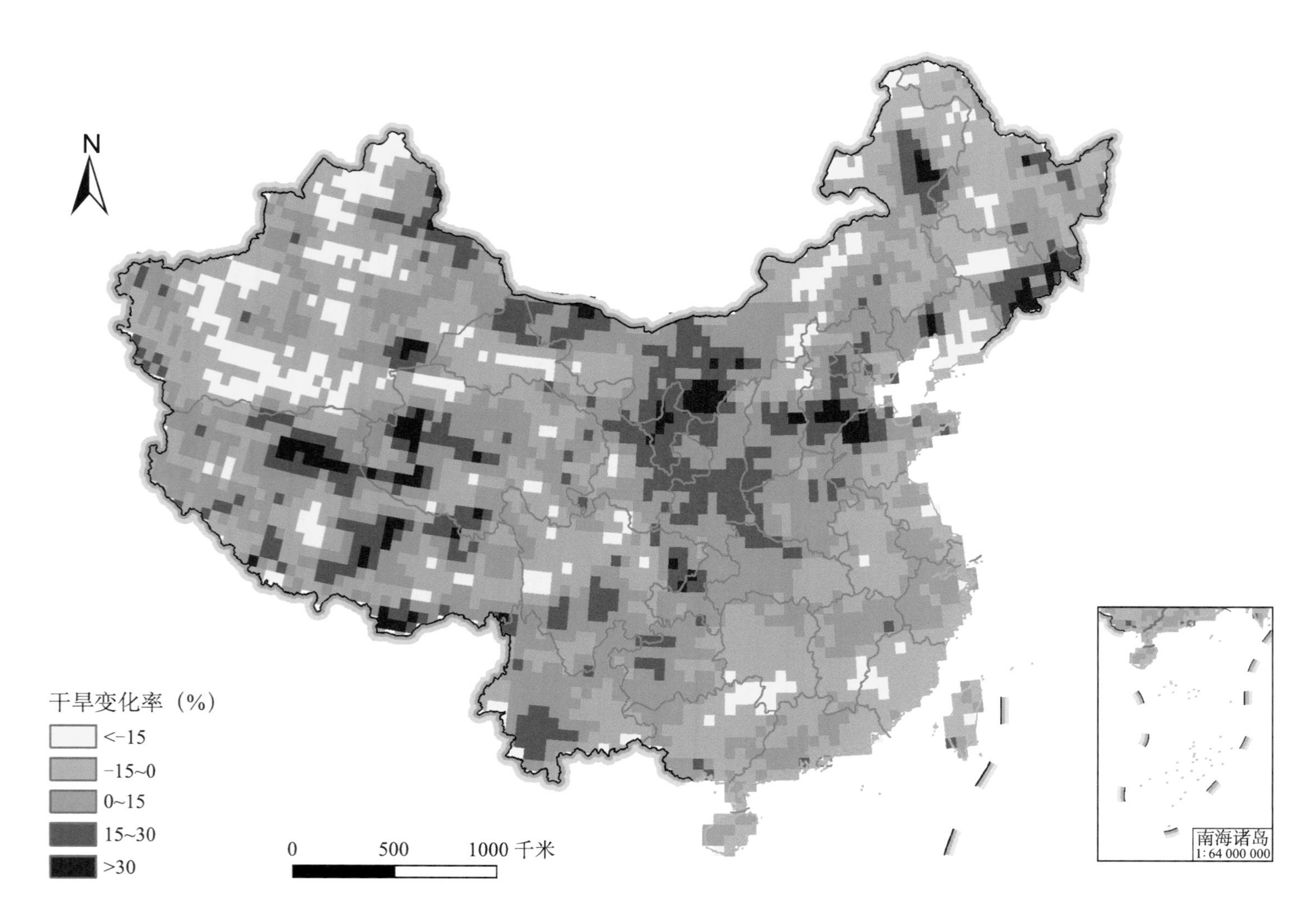
N
干旱变化率（%）
<-15
-15~0
0~15
15~30
>30
0
500
1000 千米
南海诸岛
1: 64 000 000

图 3-17　RCP2.6 情景下中期中国干旱频率相对变化

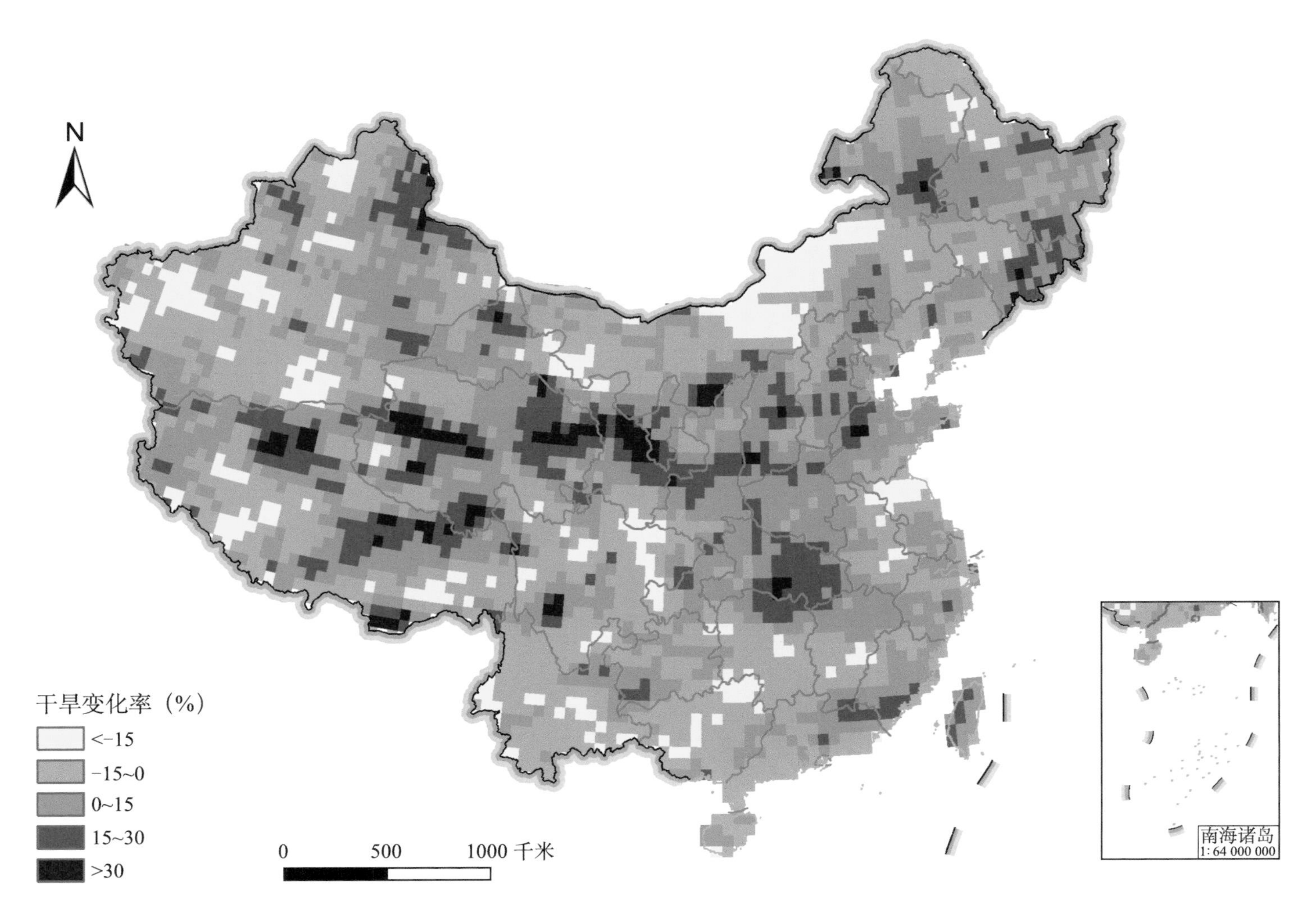
N
干旱变化率（%）
<-15
-15~0
0~15
15~30
>30
0
500
1000 千米
南海诸岛
1: 64 000 000

图 3-18　RCP4.5 情景下近期中国干旱频率相对变化

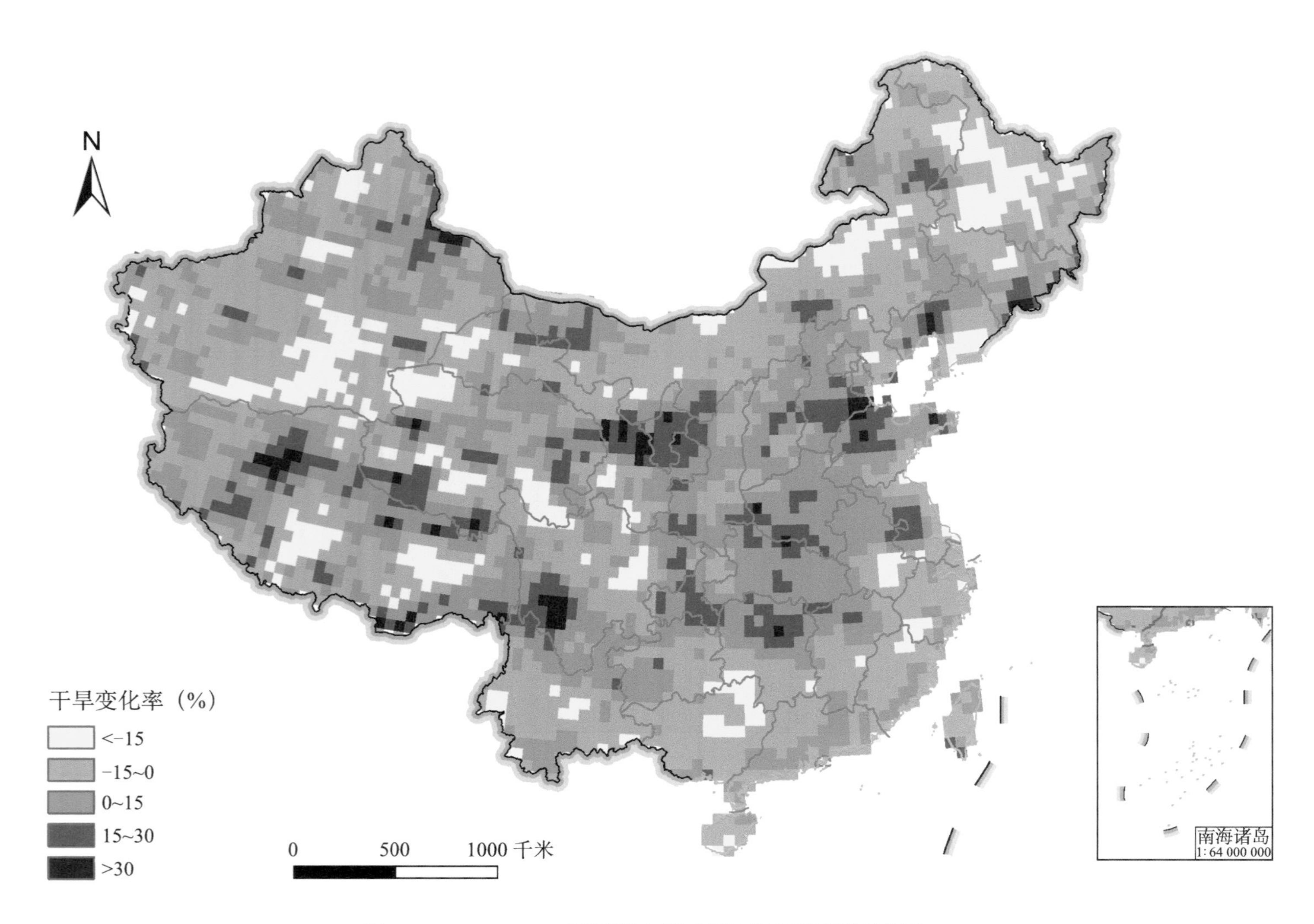
N
干旱变化率（%）
<-15
-15~0
0~15
15~30
>30
0
500
1000 千米
南海诸岛
1: 64 000 000

图 3-19　RCP4.5 情景下中期中国干旱频率相对变化

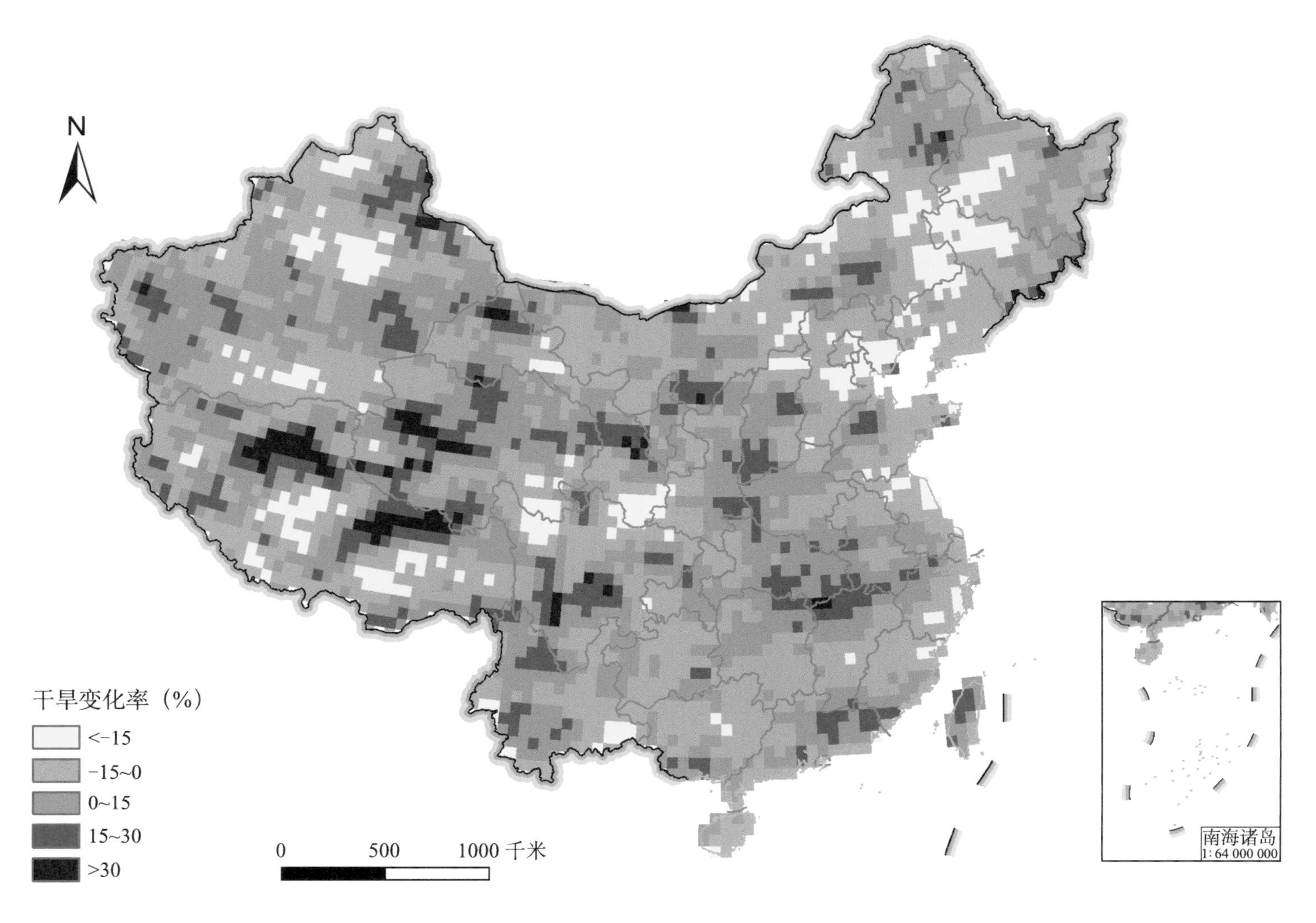
N
干旱变化率（%）
<-15
-15~0
0~15
15~30
>30
0
500
1000 千米
南海诸岛
1:64 000 000

图 3-20　RCP8.5 情景下近期中国干旱频率相对变化

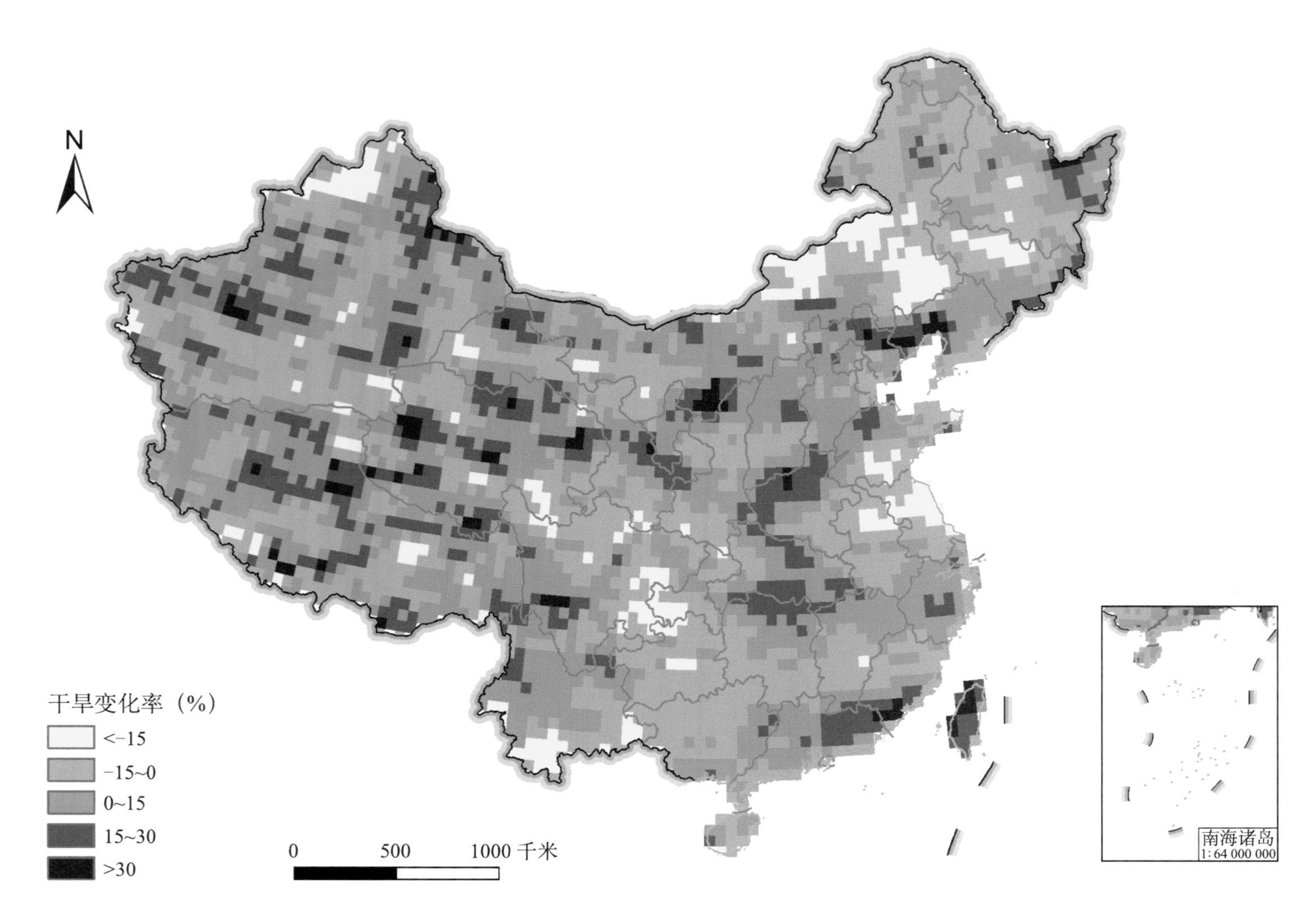
N
干旱变化率（%）
<-15
-15~0
0~15
15~30
>30
0
500
1000 千米
南海诸岛
1: 64 000 000

图 3-21　RCP8.5 情景下中期中国干旱频率相对变化

3.5 升温 1.5℃和 2.0℃情景下干旱频率变化

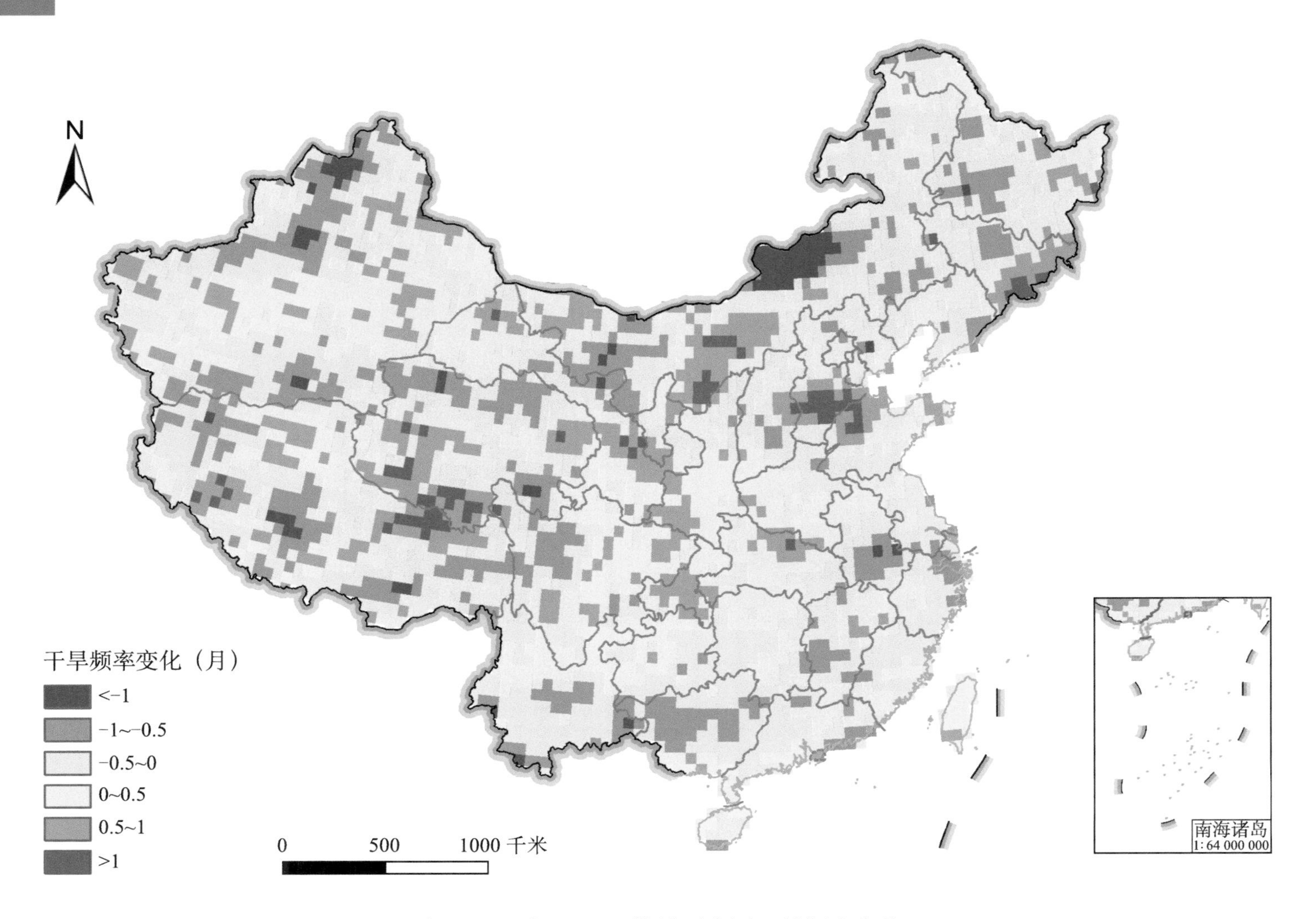
N
干旱频率变化（月）
<-1
-1~-0.5
-0.5~0
0~0.5
0.5~1
>1
0
500
1000 千米
南海诸岛
1: 64 000 000

图 3-22 升温 1.5℃情景下中国干旱频率变化

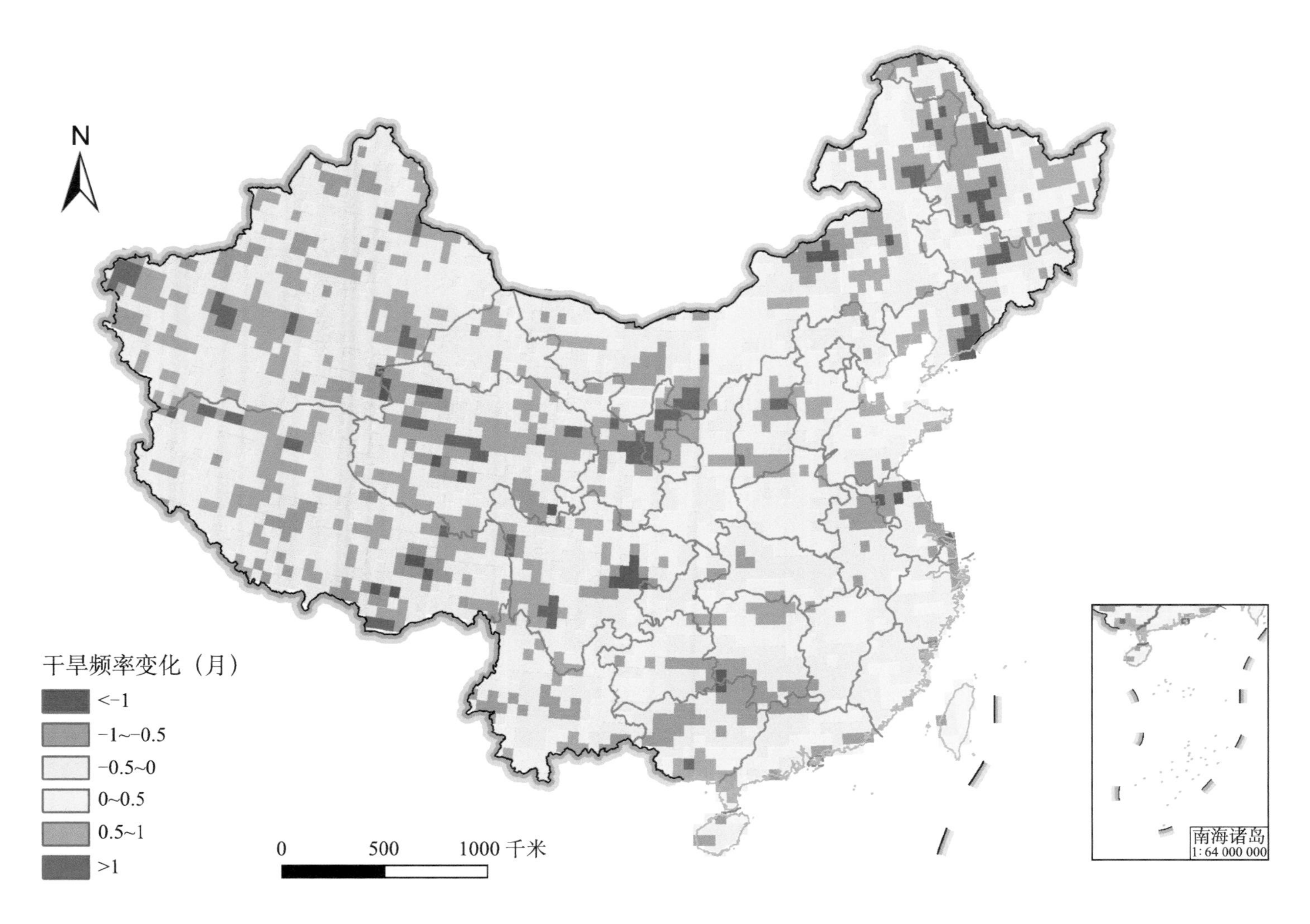
N
干旱频率变化（月）
<-1
-1~-0.5
-0.5~0
0~0.5
0.5~1
>1
0
500
1000 千米
南海诸岛
1: 64 000 000

图 3-23　升温 2.0℃情景下中国干旱频率变化

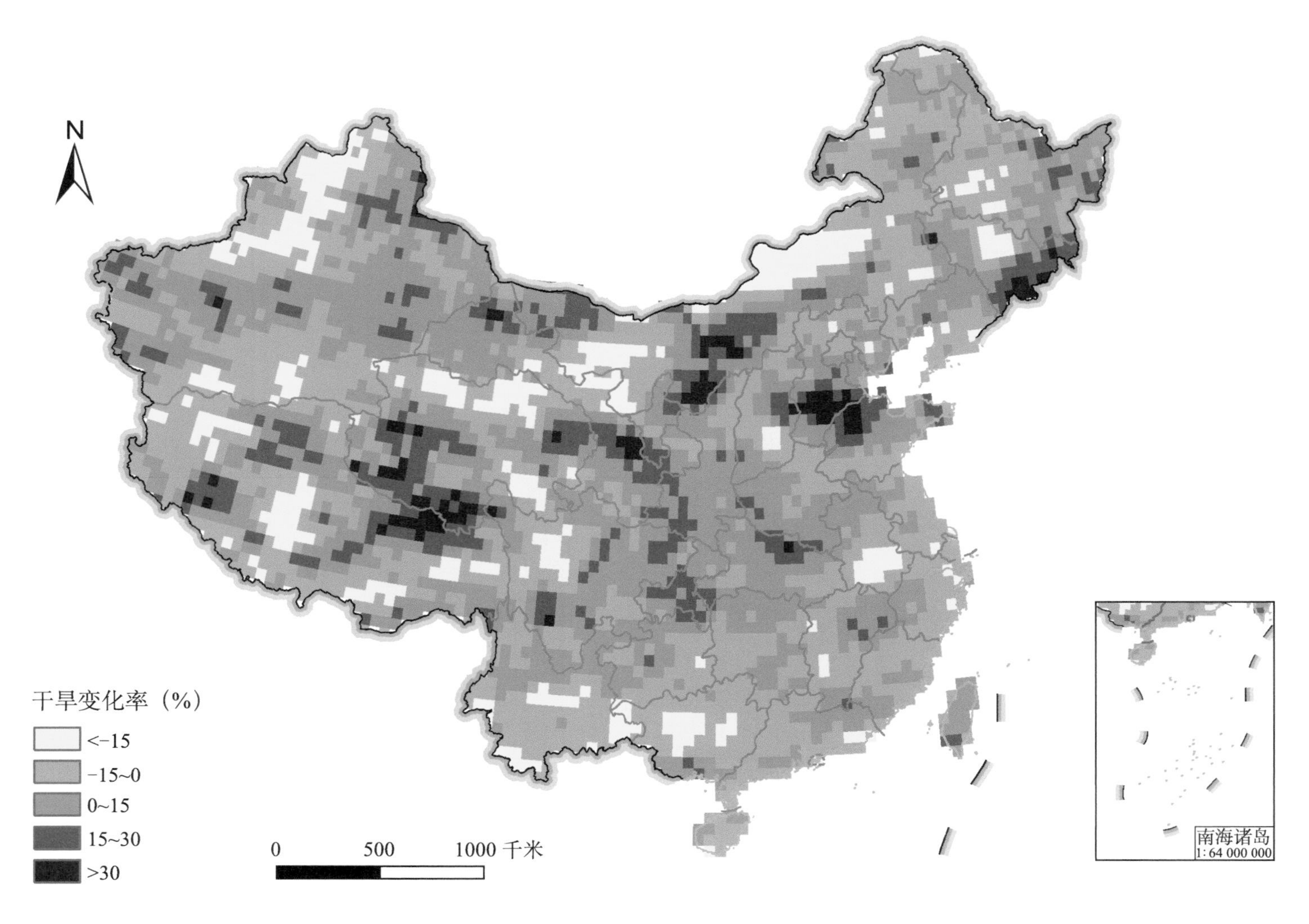
N
干旱变化率（%）
<−15
−15~0
0~15
15~30
>30
0
500
1000 千米
南海诸岛
1: 64 000 000

图 3−24　升温 1.5℃情景下中国干旱频率相对变化

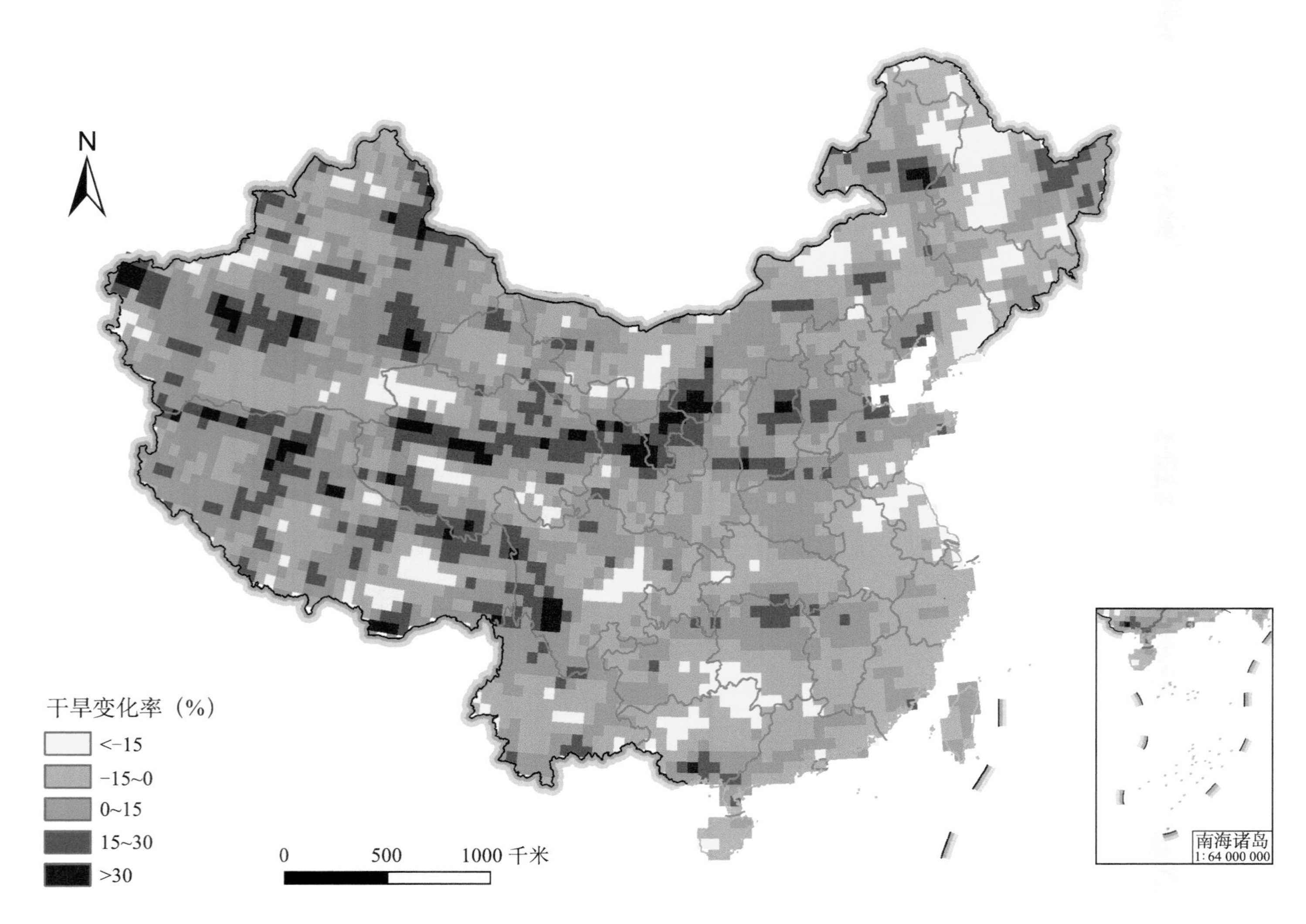
N
干旱变化率（%）
<-15
-15~0
0~15
15~30
>30
0
500
1000 千米
南海诸岛
1:64 000 000

图 3-25　升温 2.0℃情景下中国干旱频率相对变化

第四部分

气候变化下中国干旱人口暴露度

本部分展示了气候变化背景下多情景和多时段的中国干旱人口暴露度空间分布，包括基准期（1986—2005年）以及3种气候变化情景下（RCP2.6-SSP1、RCP4.5-SSP2、RCP8.5-SSP3）未来近期（2016—2035年）与中期（2046—2065年）以及升温1.5℃情景（RCP2.6-SSP1，2020—2039年）和升温2.0℃情景（RCP4.5-SSP2，2040—2059年）。共包含25幅地图，其中4.1，4.2，4.3节分别为基准期、三种气候变化情景及两种升温情景下中国干旱人口暴露度；4.4节和4.5节分别为气候变化情景及升温情景下干旱人口暴露度相对于基准期的变化，包括暴露度绝对变化与相对变化，数据空间分辨率为0.5°×0.5°。本部分通过多情景、多时段的气候预估数据反映气候变化下我国未来干旱人口暴露度及其变化的时空格局。

4.1 基准期干旱人口暴露度

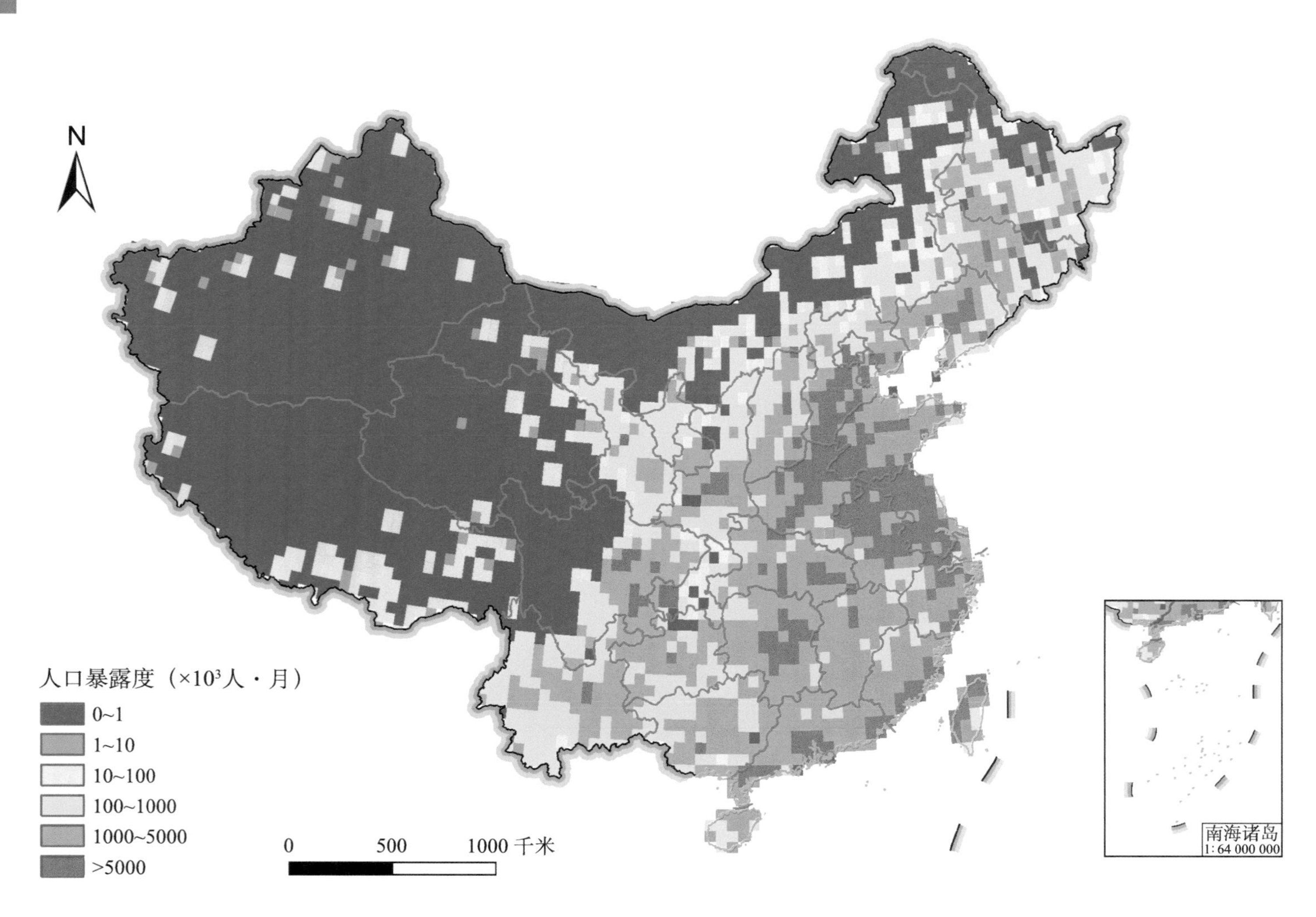
N
人口暴露度（×10³人·月）
0~1
1~10
10~100
100~1000
1000~5000
>5000
0
500
1000 千米
南海诸岛
1: 64 000 000

图 4-1　基准期中国干旱人口暴露度分布

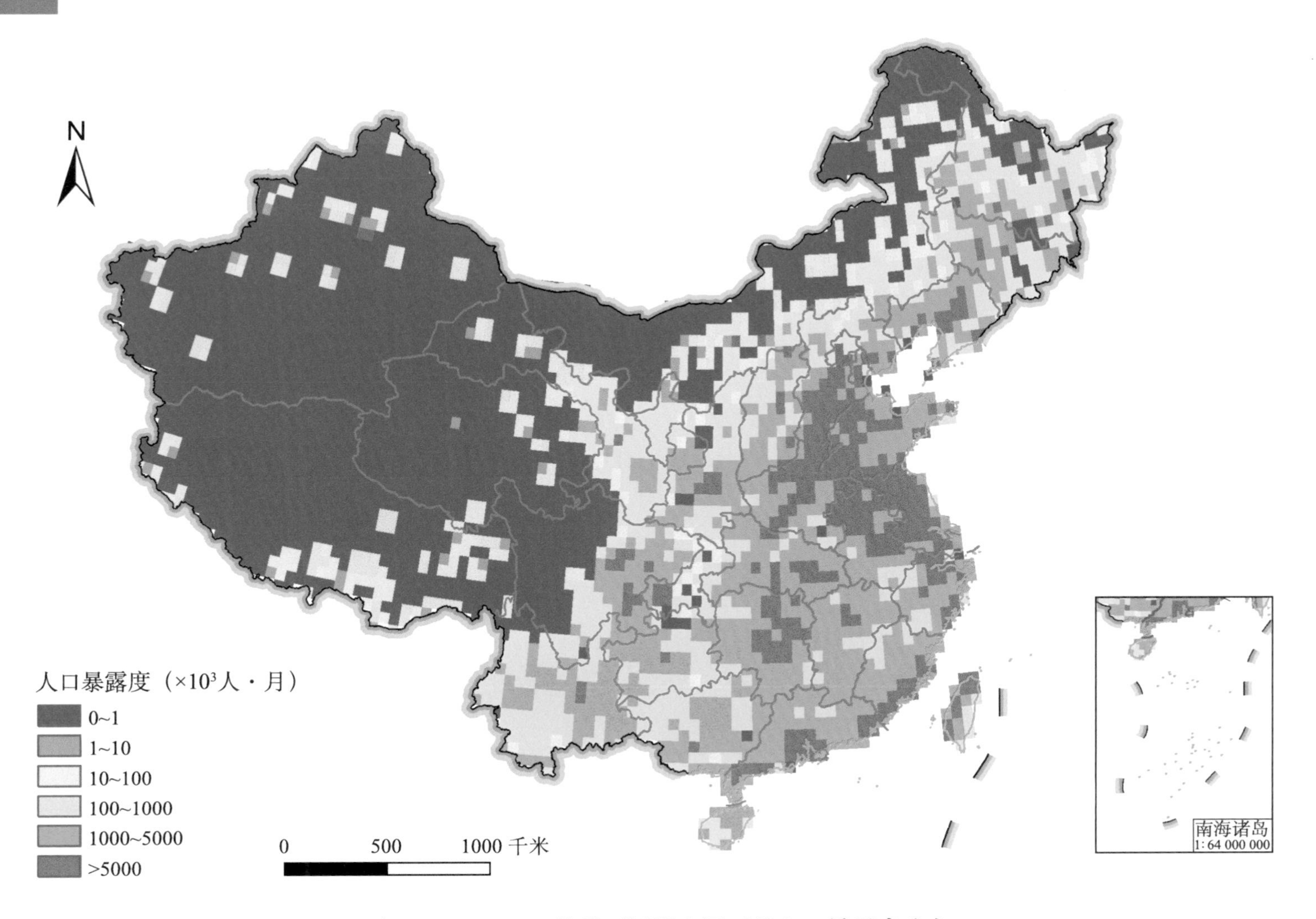
N
人口暴露度（×10³人・月）
0~1
1~10
10~100
100~1000
1000~5000
>5000
0
500
1000 千米
南海诸岛
1: 64 000 000

图 4-2　RCP2.6 情景下近期中国干旱人口暴露度分布

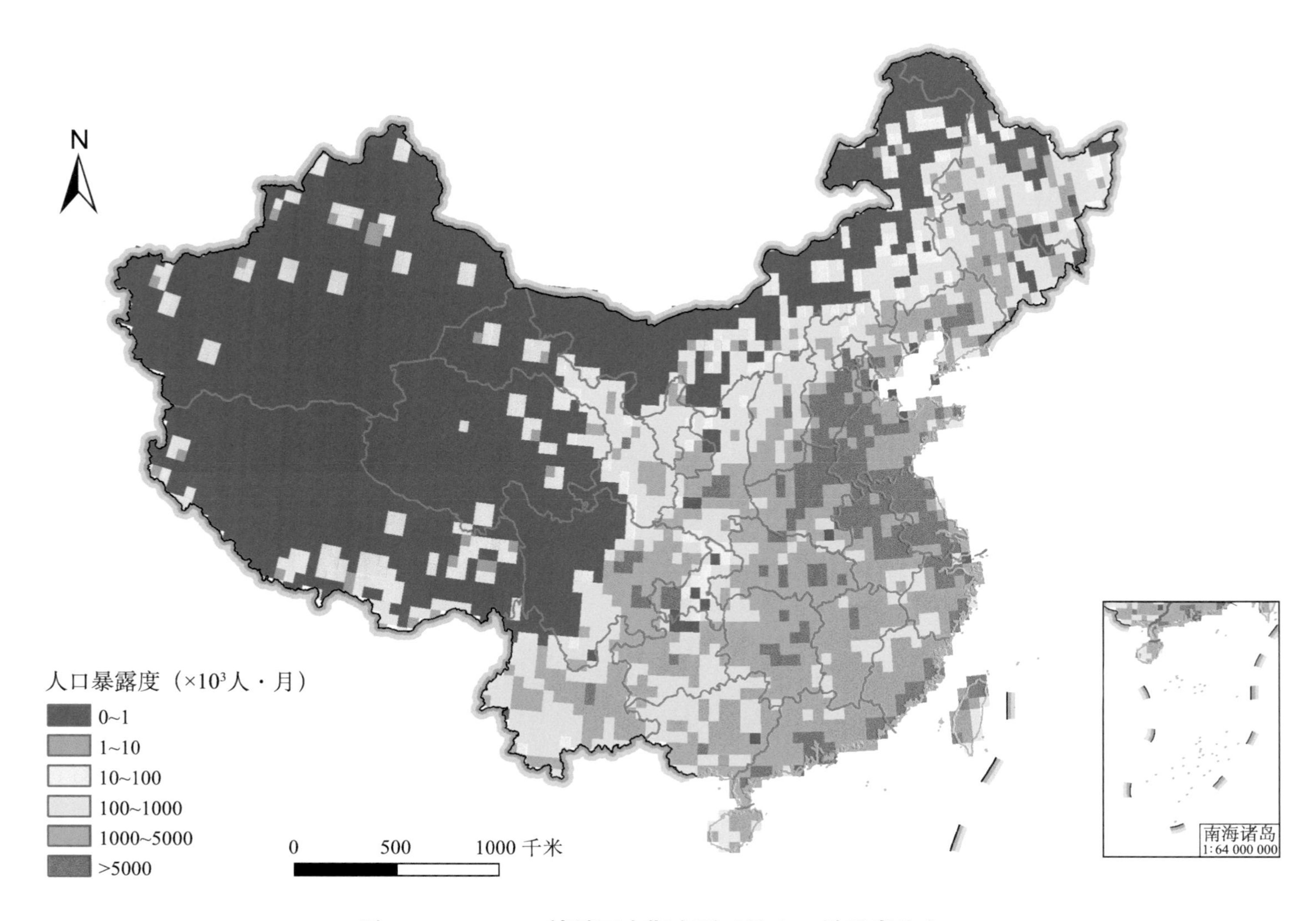
N
人口暴露度（×10³人·月）
0~1
1~10
10~100
100~1000
1000~5000
>5000
0
500
1000 千米
南海诸岛
1: 64 000 000

图 4-3　RCP2.6 情景下中期中国干旱人口暴露度分布

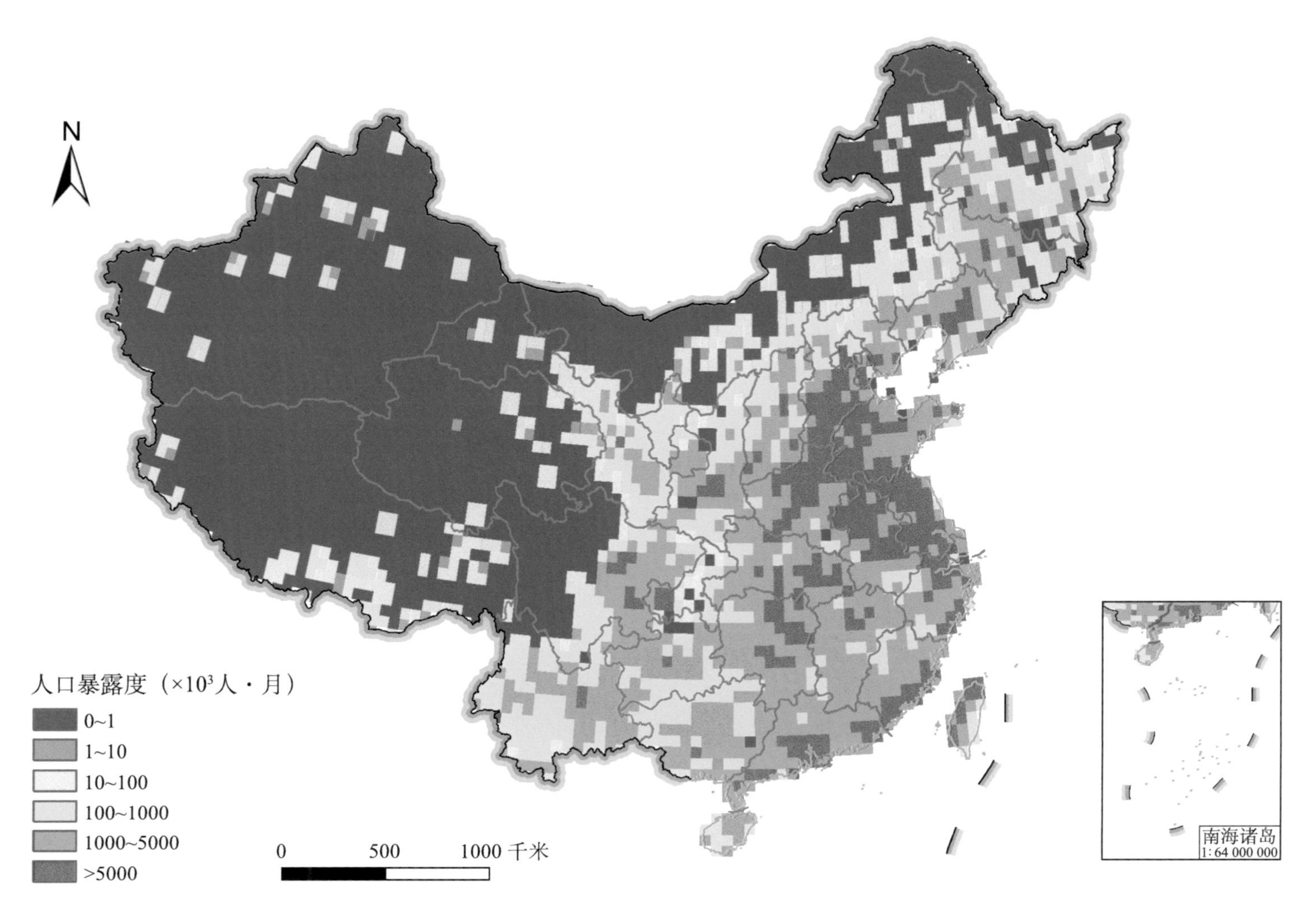
N
人口暴露度（×10³人·月）
0~1
1~10
10~100
100~1000
1000~5000
>5000
0
500
1000 千米
南海诸岛
1: 64 000 000

图 4-4　RCP4.5 情景下近期中国干旱人口暴露度分布

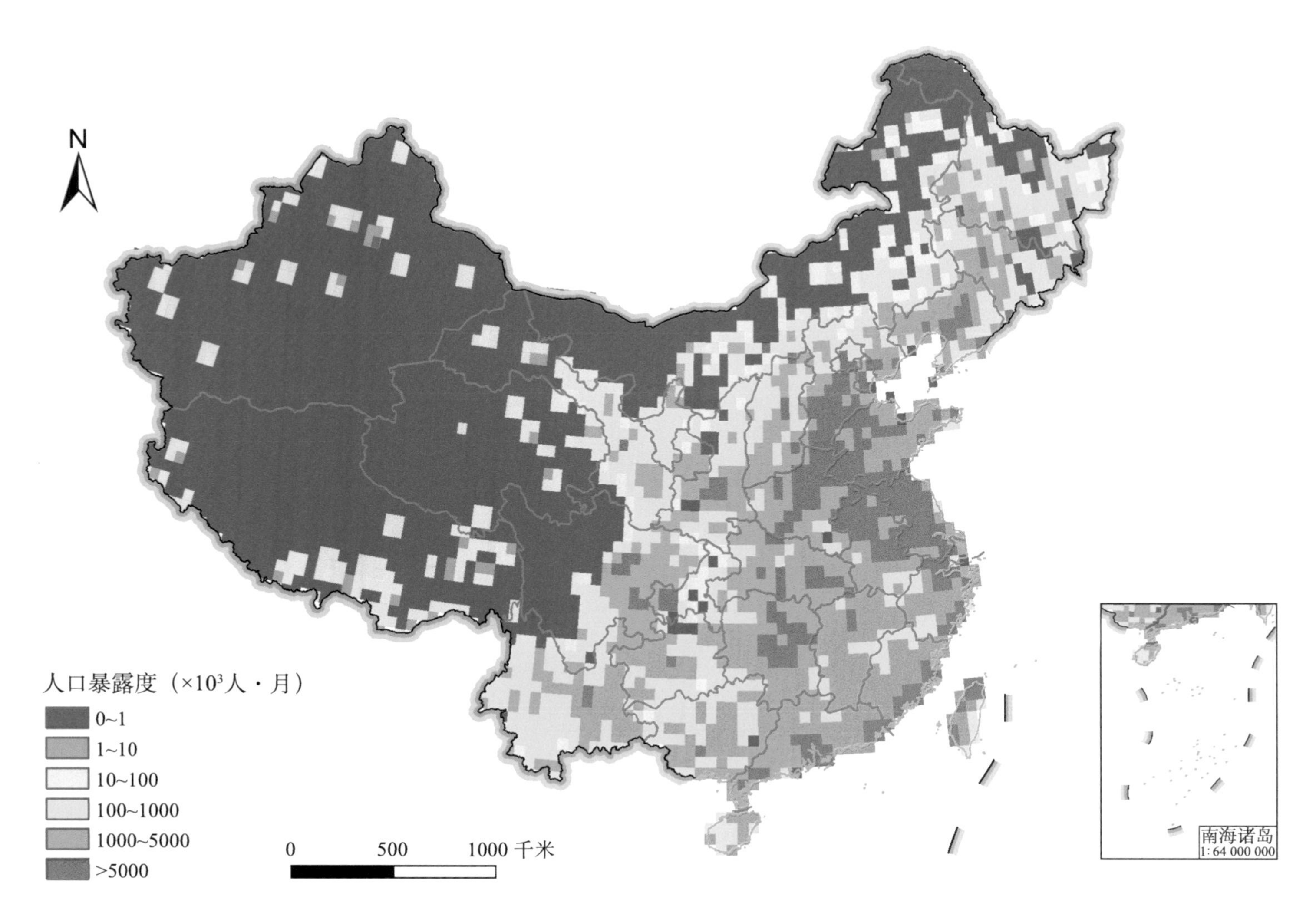
N
人口暴露度（×10³人·月）
0~1
1~10
10~100
100~1000
1000~5000
>5000
0
500
1000 千米
南海诸岛
1:64 000 000

图 4-5　RCP4.5 情景下中期中国干旱人口暴露度分布

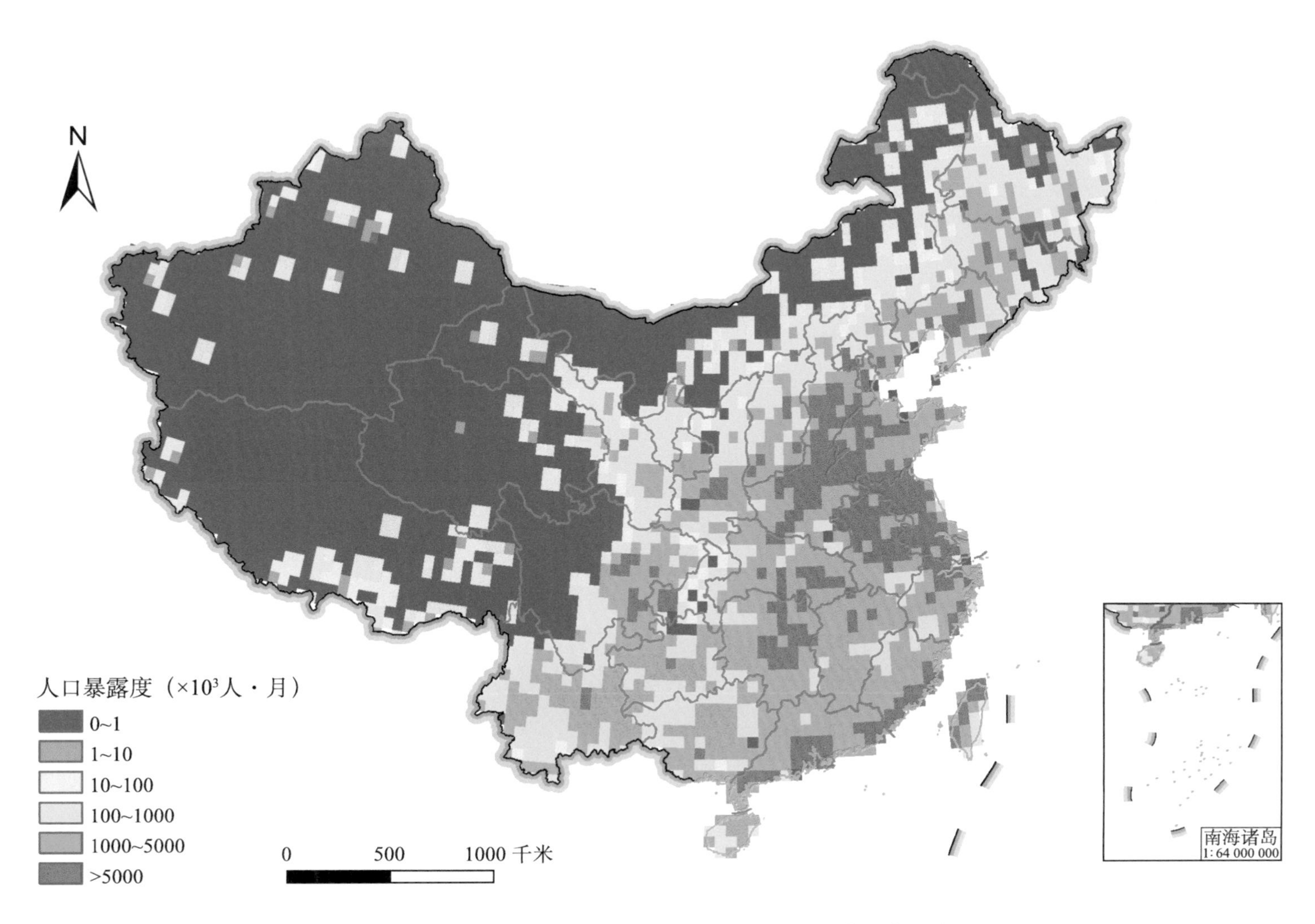
N
人口暴露度（×10³人・月）
0~1
1~10
10~100
100~1000
1000~5000
>5000
0
500
1000 千米
南海诸岛
1: 64 000 000

图 4-6　RCP8.5 情景下近期中国干旱人口暴露度分布

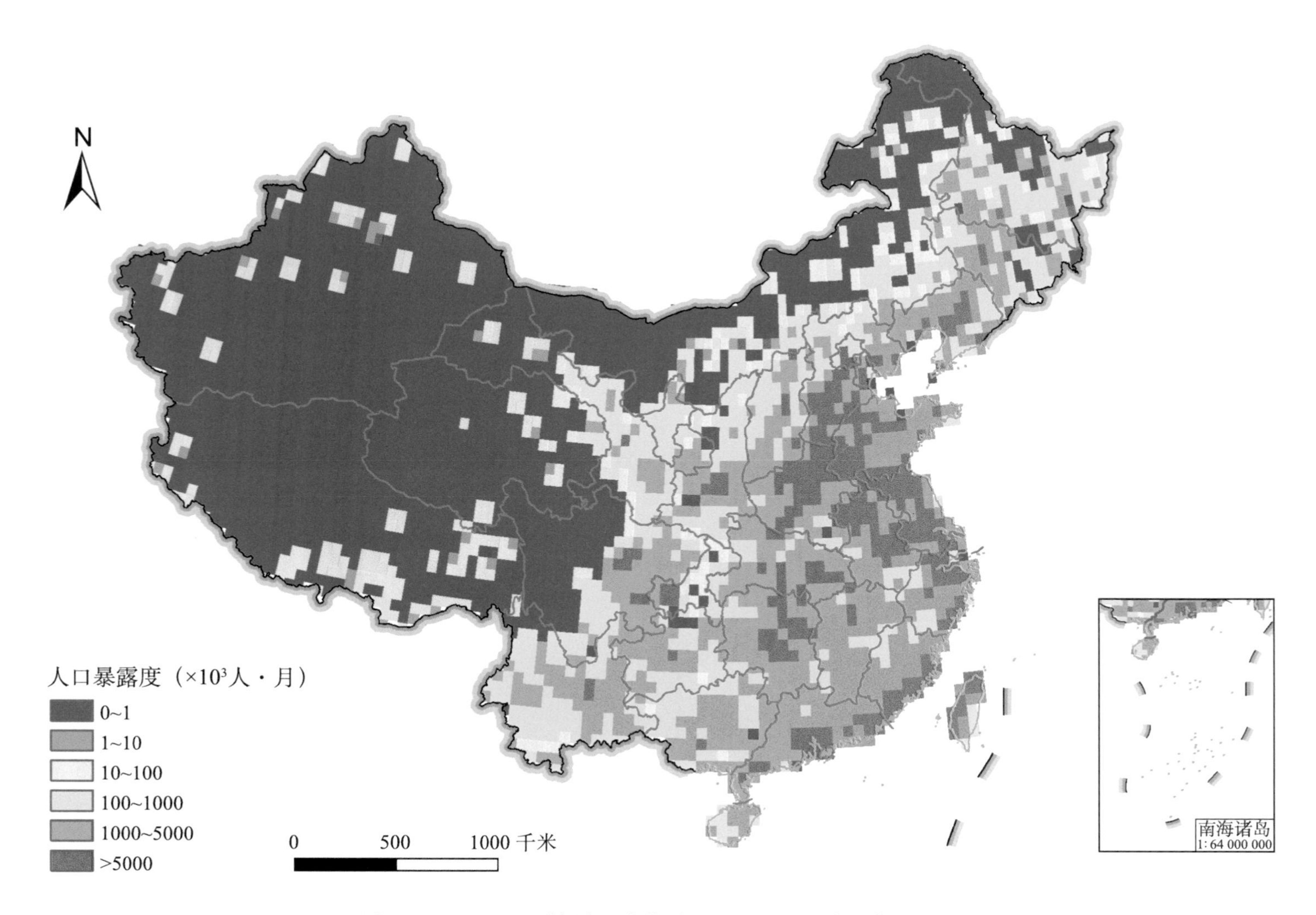
N
人口暴露度（×10³人·月）
0~1
1~10
10~100
100~1000
1000~5000
>5000
0
500
1000 千米
南海诸岛
1: 64 000 000

图 4-7　RCP8.5 情景下中期中国干旱人口暴露度分布

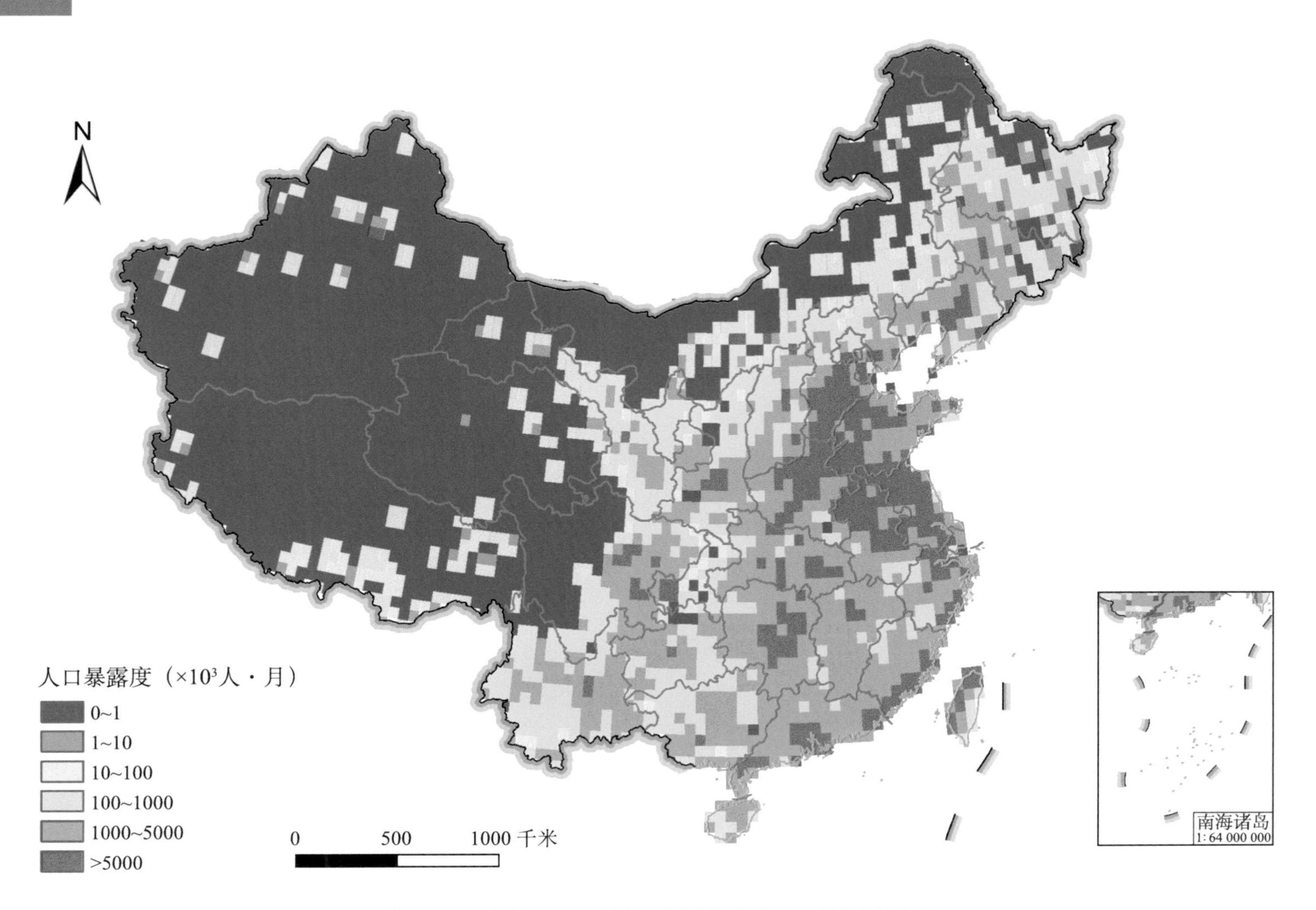
N
人口暴露度（×10³人 · 月）
0~1
1~10
10~100
100~1000
1000~5000
>5000
0
500
1000 千米
南海诸岛
1: 64 000 000

图 4-8　升温 1.5℃情景下中国干旱人口暴露度分布

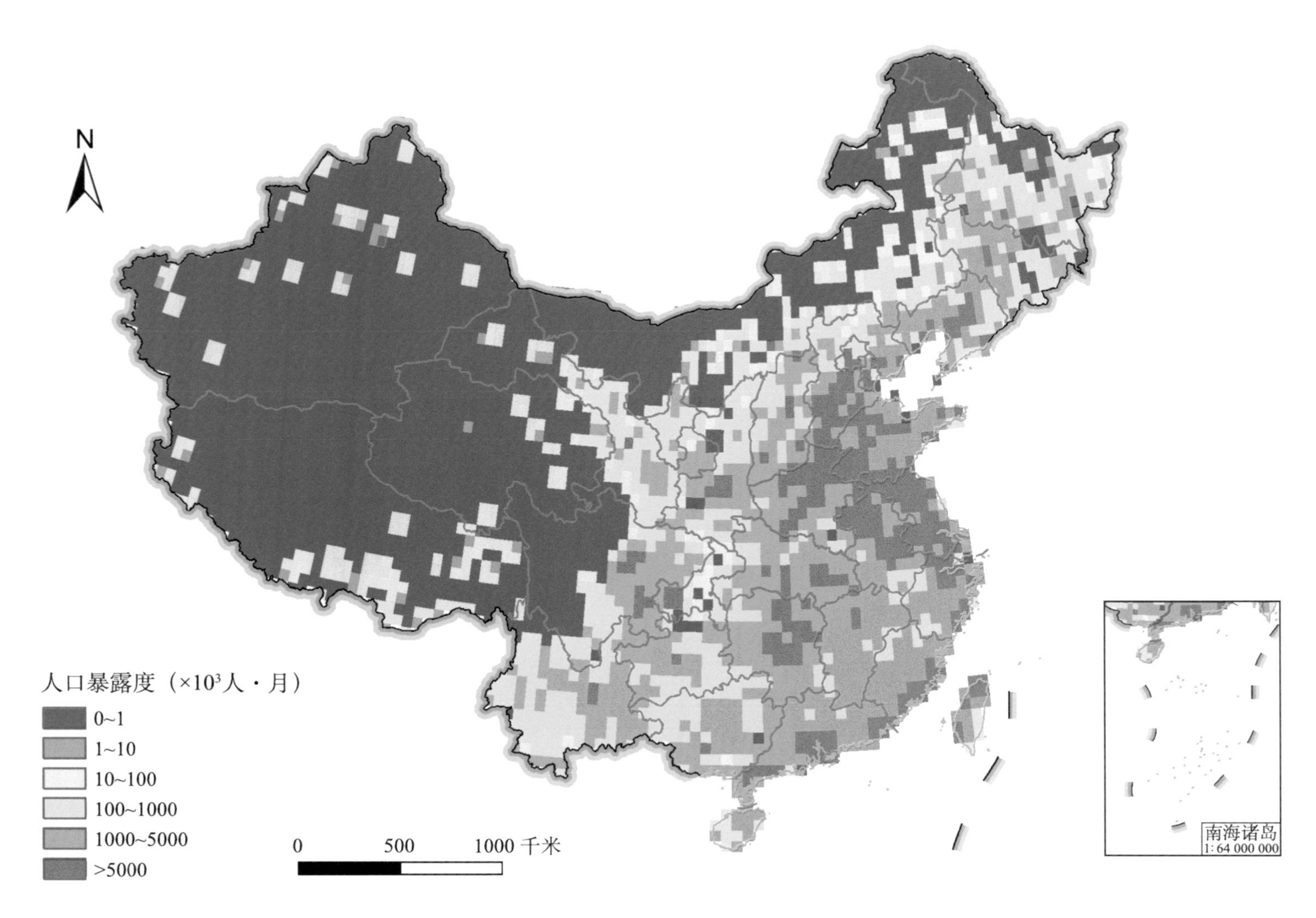
N
人口暴露度（×10³人·月）
0~1
1~10
10~100
100~1000
1000~5000
>5000
0
500
1000 千米
南海诸岛
1:64 000 000

图 4-9　升温 2.0℃情景下中国干旱人口暴露度分布

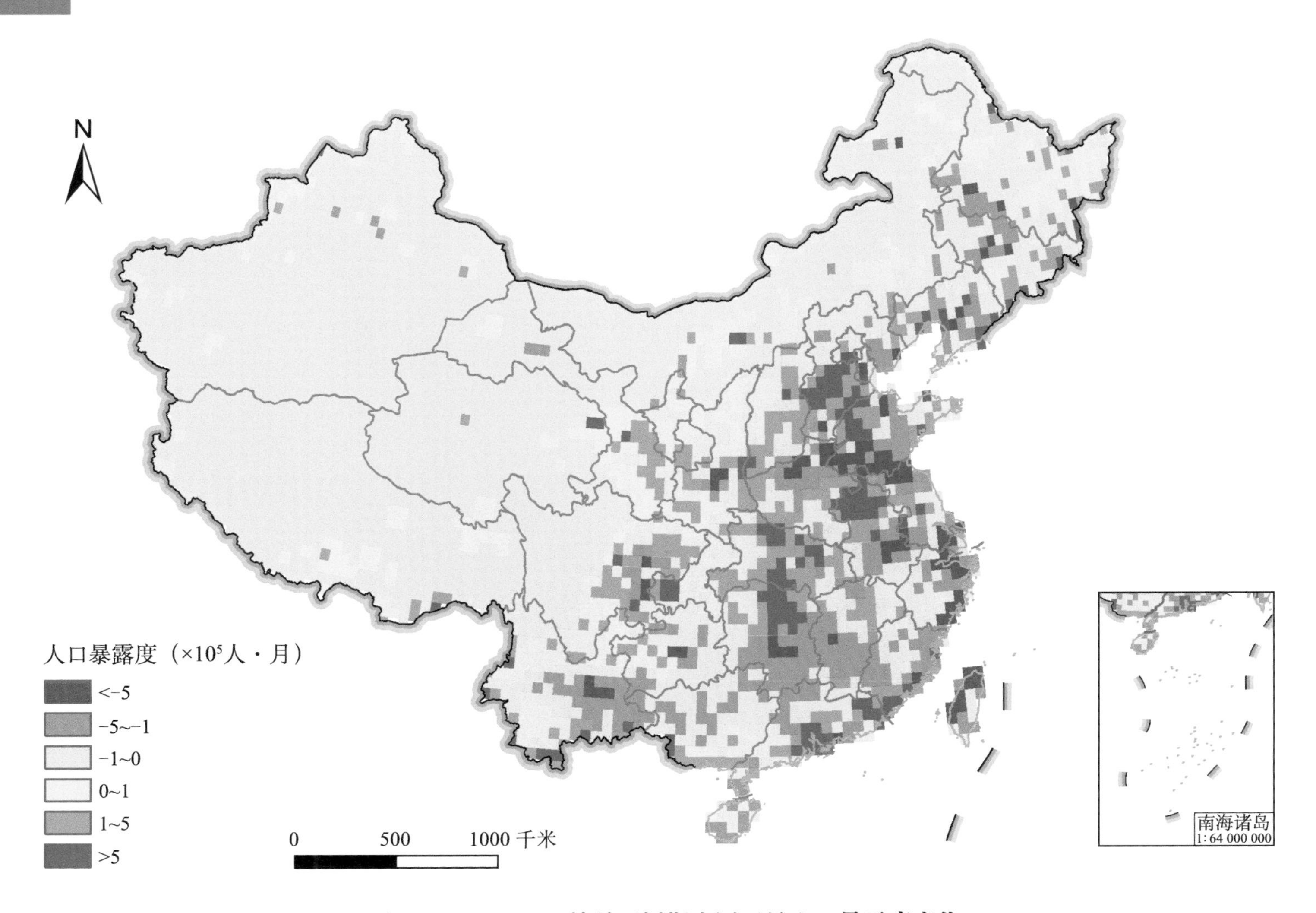
N
人口暴露度（×10⁵人·月）
<-5
-5~-1
-1~0
0~1
1~5
>5
0
500
1000 千米
南海诸岛
1: 64 000 000

图 4-10 RCP2.6 情景下近期中国干旱人口暴露度变化

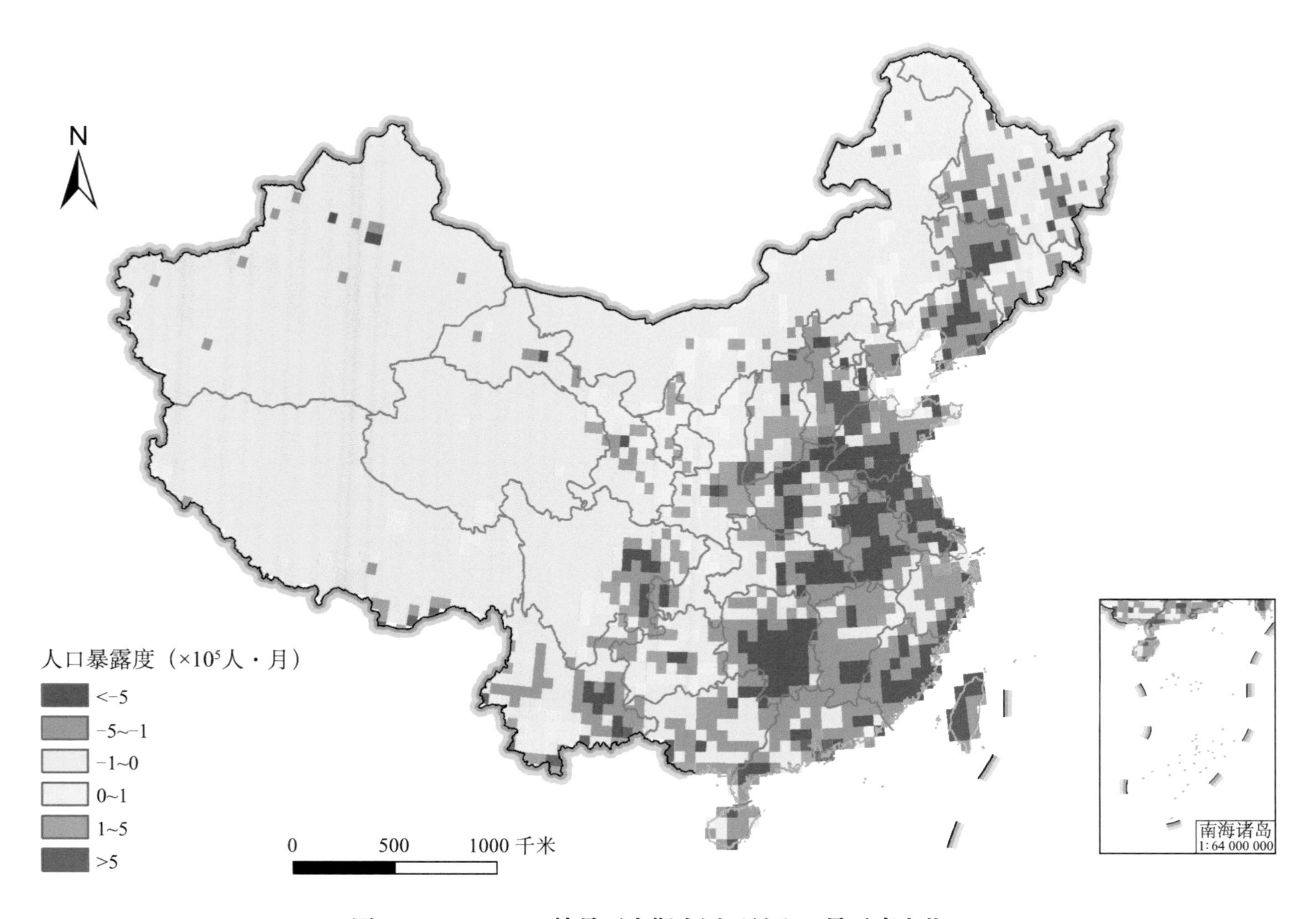
N
人口暴露度（×10⁵人·月）
<-5
-5~-1
-1~0
0~1
1~5
>5
0
500
1000 千米
南海诸岛
1:64 000 000

图 4-11　RCP2.6 情景下中期中国干旱人口暴露度变化

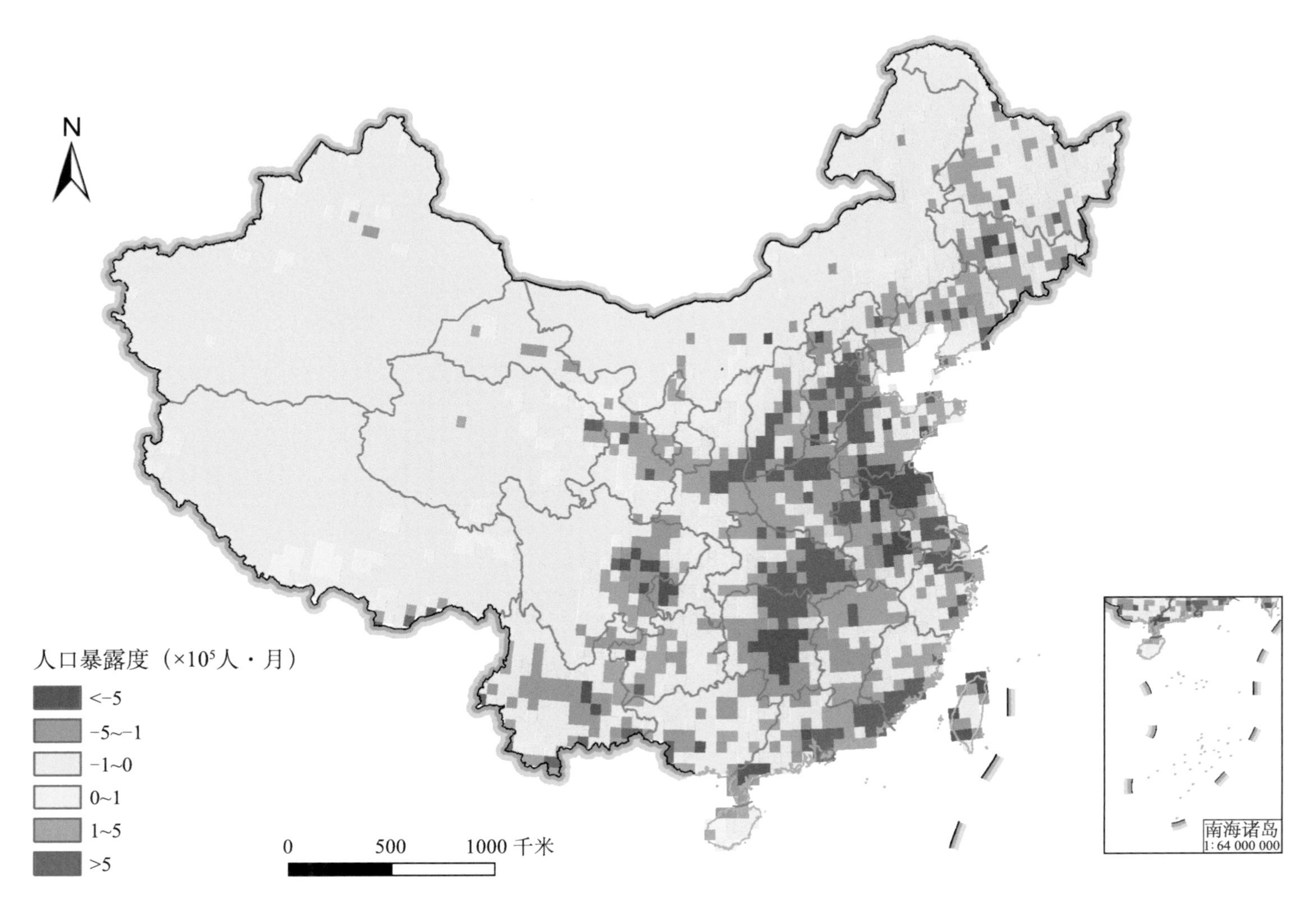
N
人口暴露度（×10⁵人·月）
<−5
−5~−1
−1~0
0~1
1~5
>5
0
500
1000 千米
南海诸岛
1:64 000 000

图 4-12　RCP4.5 情景下近期中国干旱人口暴露度变化

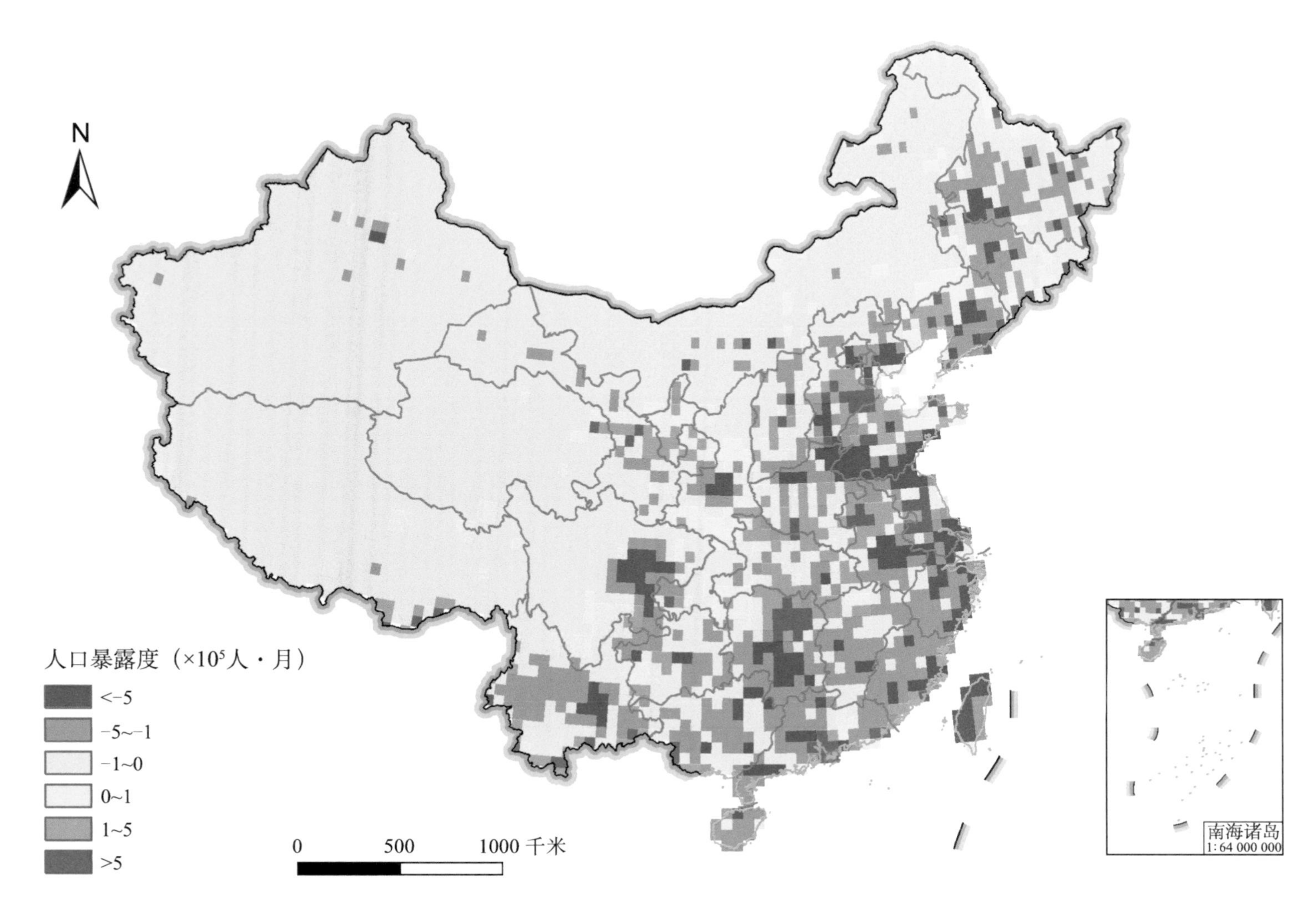
N
人口暴露度（×10⁵人·月）
<-5
-5~-1
-1~0
0~1
1~5
>5
0
500
1000 千米
南海诸岛
1:64 000 000

图 4-13　RCP4.5 情景下中期中国干旱人口暴露度变化

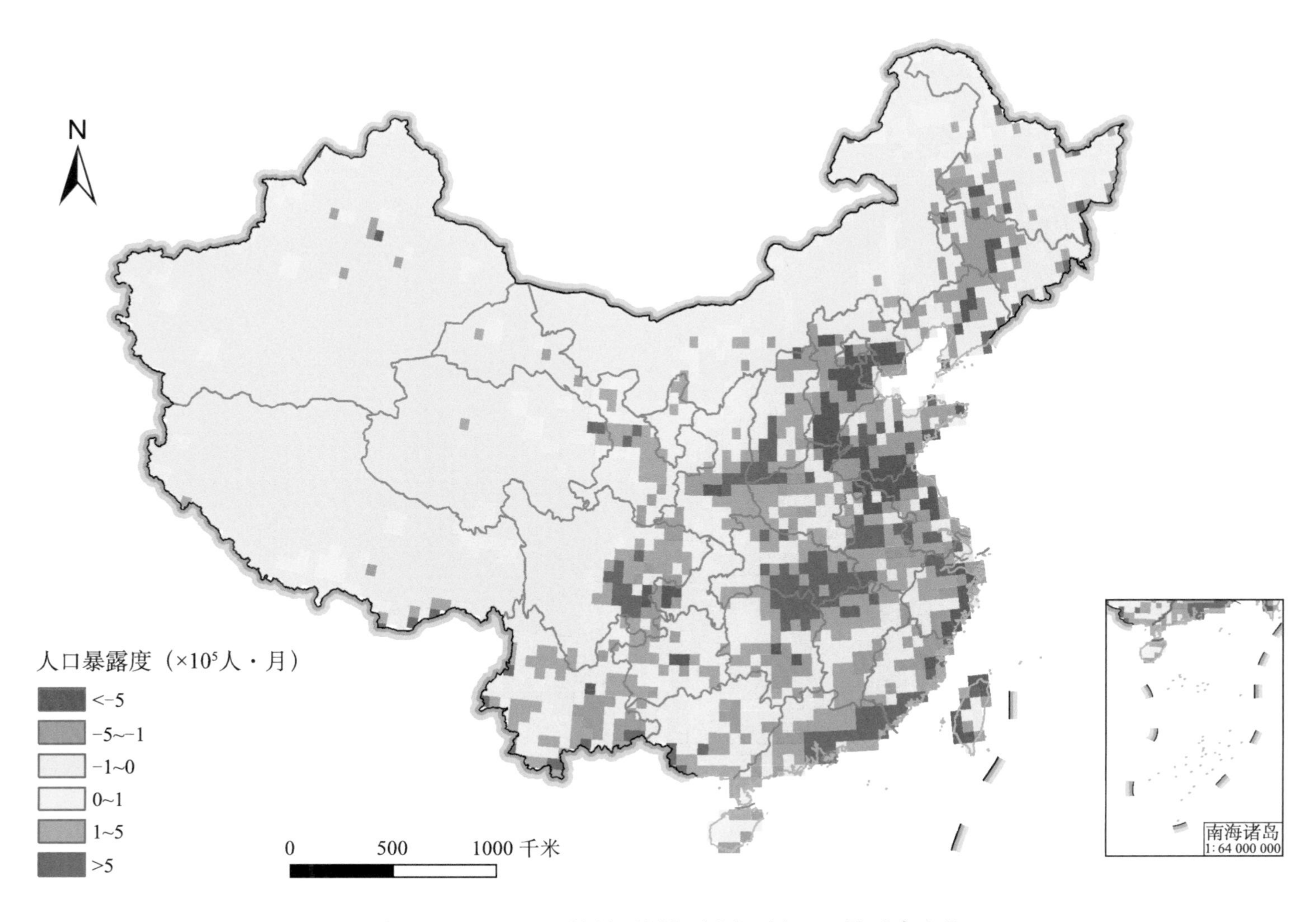
N
人口暴露度（×10⁵人・月）
<-5
-5~-1
-1~0
0~1
1~5
>5
0
500
1000 千米
南海诸岛
1: 64 000 000

图 4-14　RCP8.5 情景下近期中国干旱人口暴露度变化

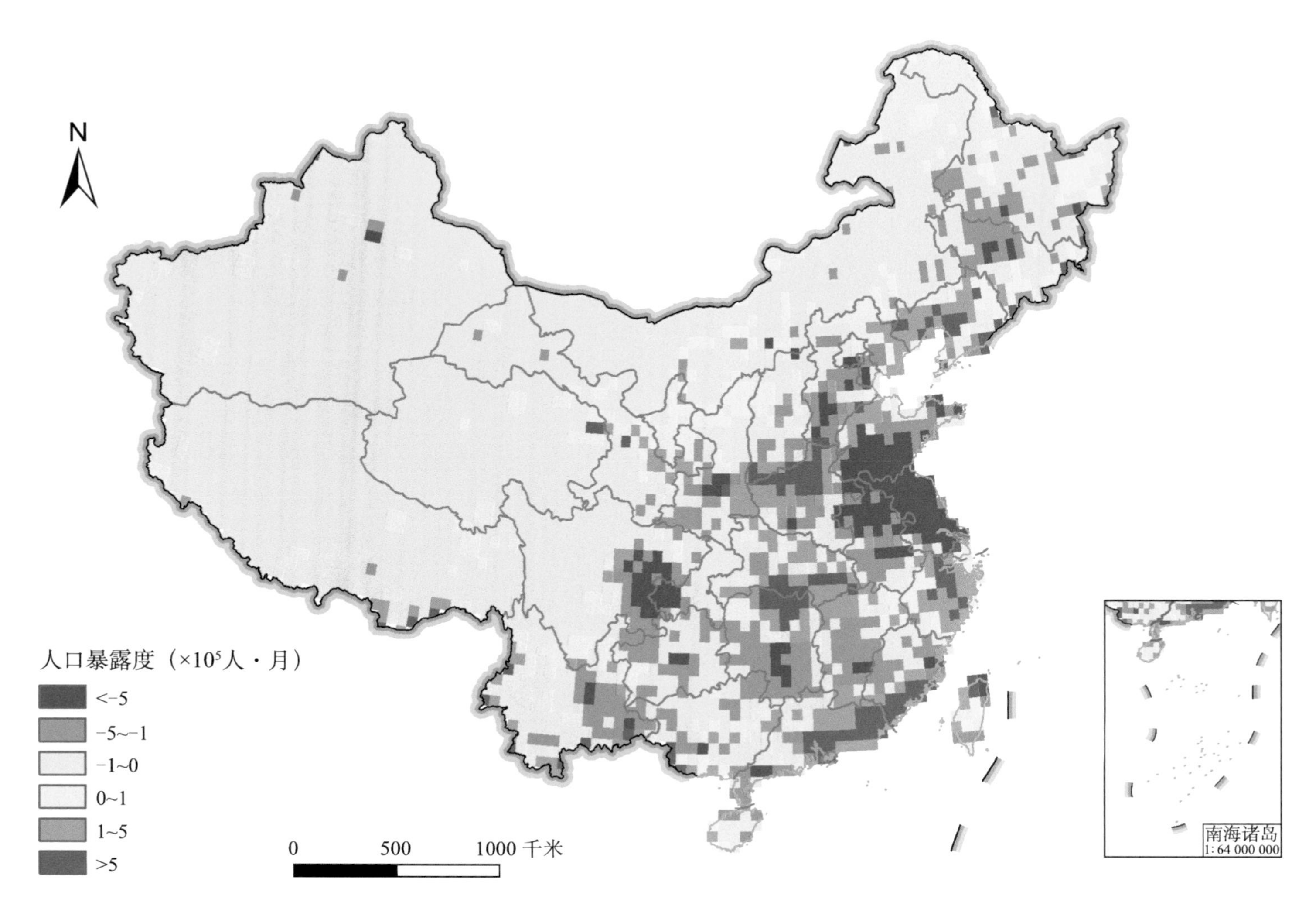
N
人口暴露度（×10⁵人·月）
<-5
-5~-1
-1~0
0~1
1~5
>5
0
500
1000 千米
南海诸岛
1: 64 000 000

图 4-15　RCP8.5 情景下中期中国干旱人口暴露度变化

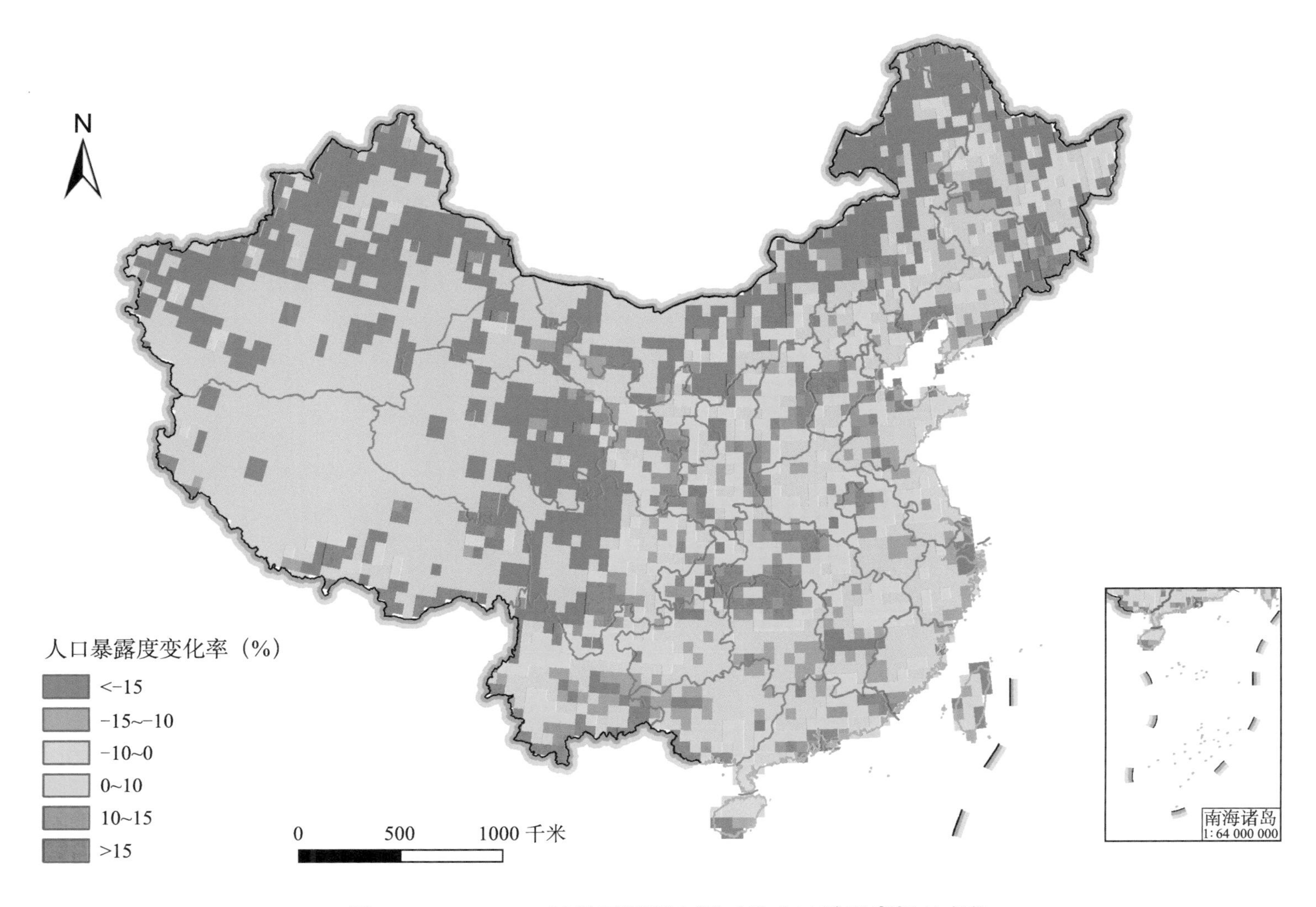
N
人口暴露度变化率（%）
<-15
-15~-10
-10~0
0~10
10~15
>15
0
500
1000 千米
南海诸岛
1: 64 000 000

图 4-16　RCP2.6 情景下近期中国干旱人口暴露度相对变化

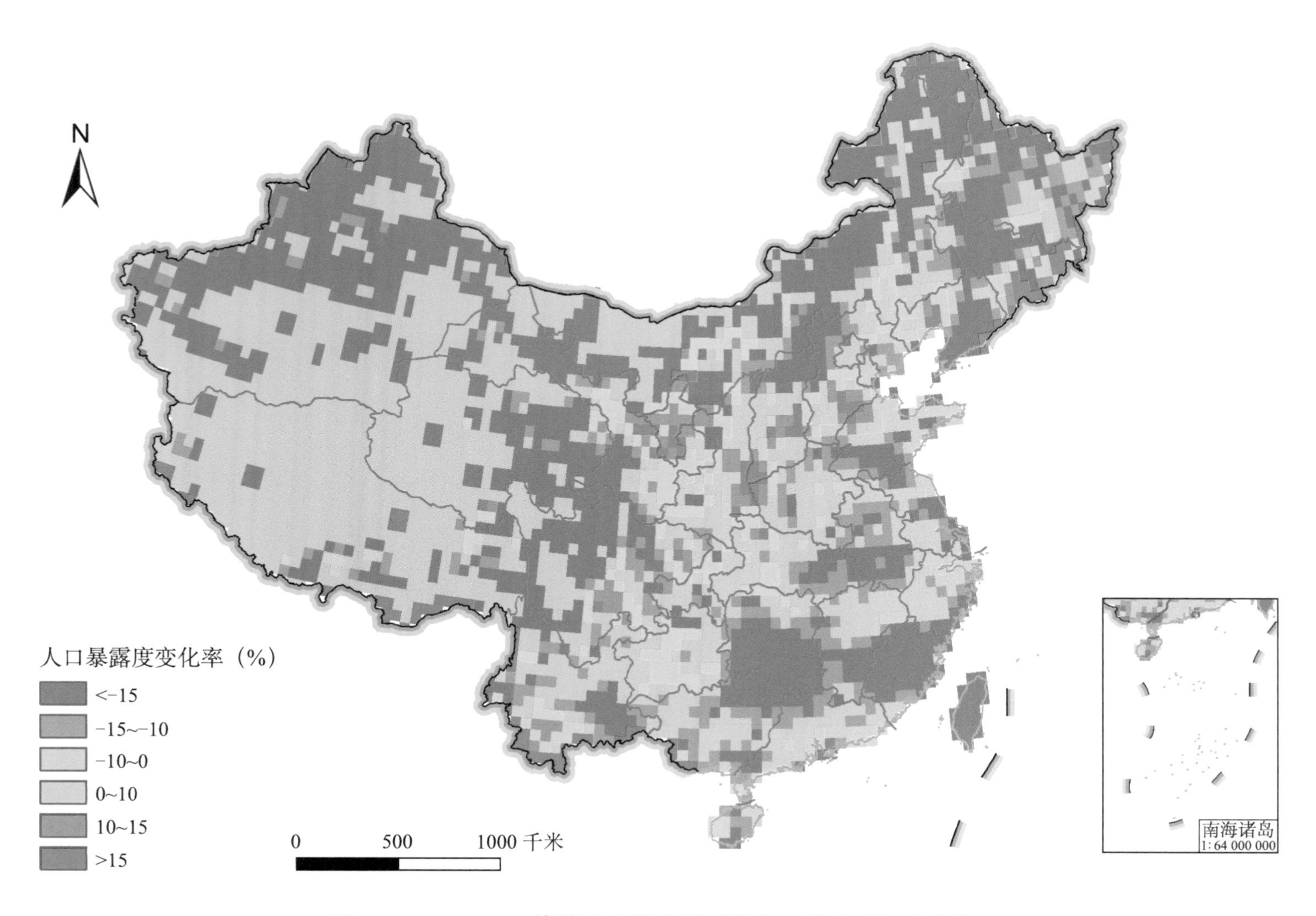
N
人口暴露度变化率（%）
<−15
−15~−10
−10~0
0~10
10~15
>15
0
500
1000 千米
南海诸岛
1∶64 000 000

图 4−17　RCP2.6 情景下中期中国干旱人口暴露度相对变化

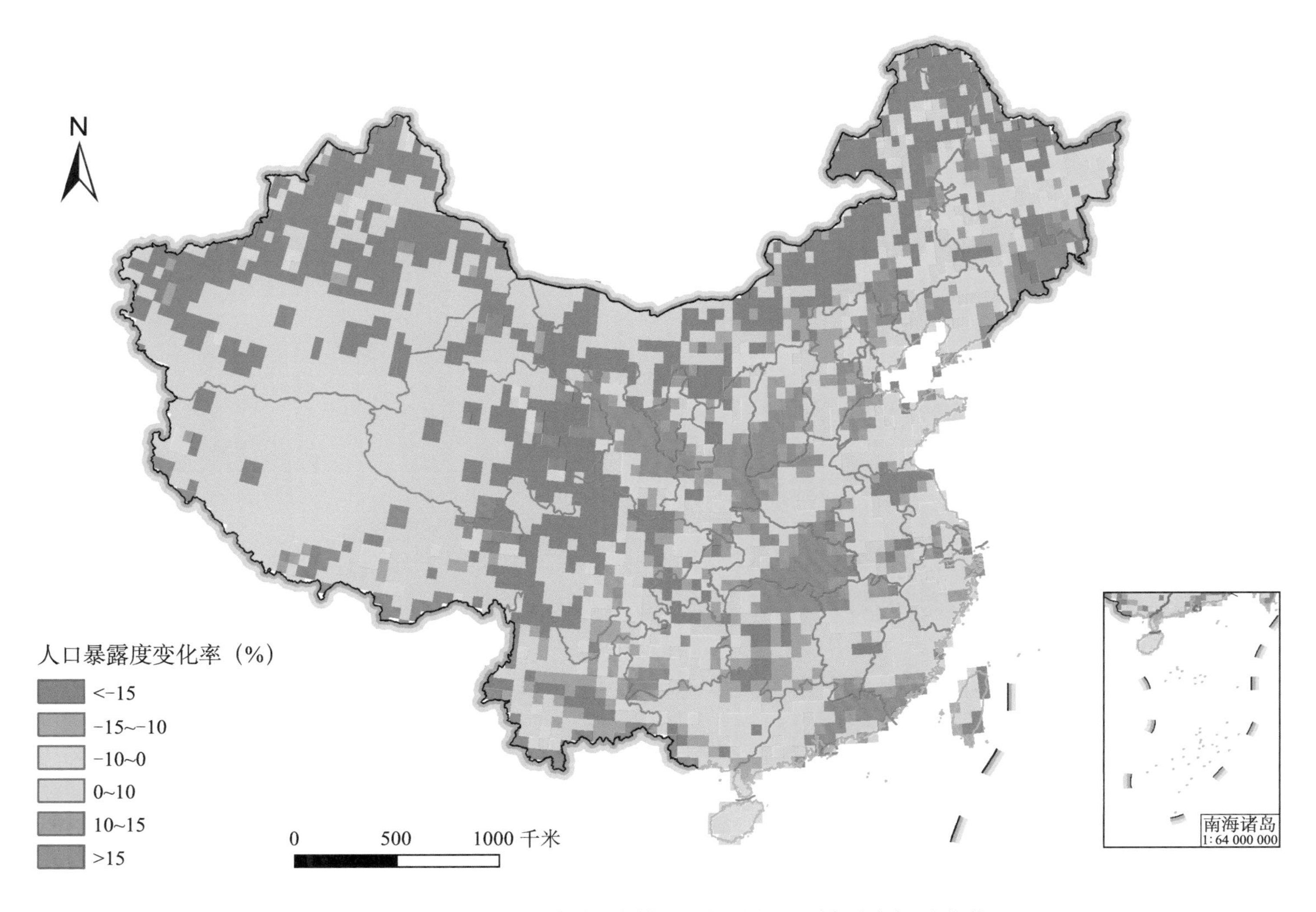
N
人口暴露度变化率（%）
<-15
-15~-10
-10~0
0~10
10~15
>15
0
500
1000 千米
南海诸岛
1:64 000 000

图 4-18　RCP4.5 情景下近期中国干旱人口暴露度相对变化

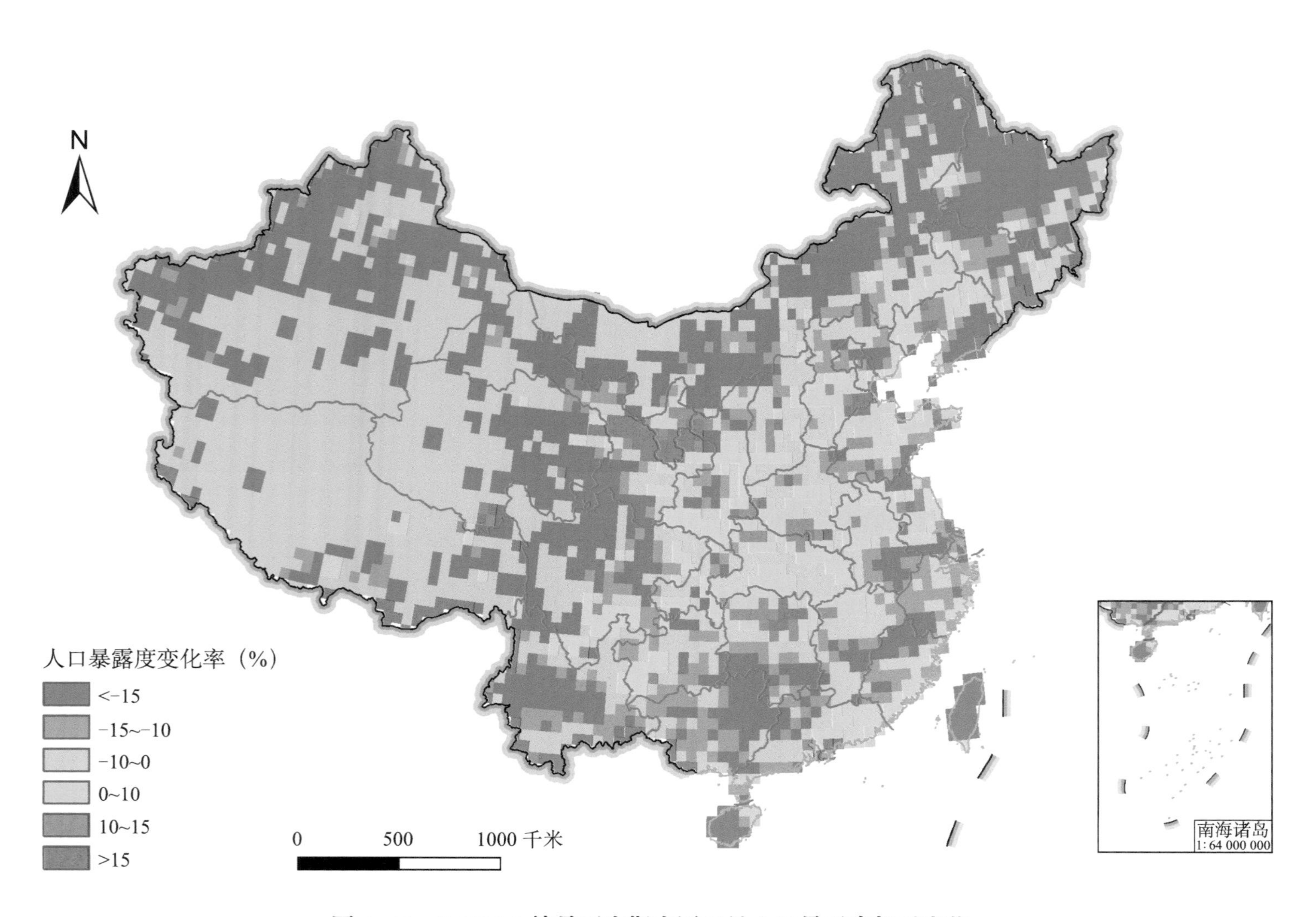
N
人口暴露度变化率（%）
<-15
-15~-10
-10~0
0~10
10~15
>15
0
500
1000 千米
南海诸岛
1: 64 000 000

图 4-19　RCP4.5 情景下中期中国干旱人口暴露度相对变化

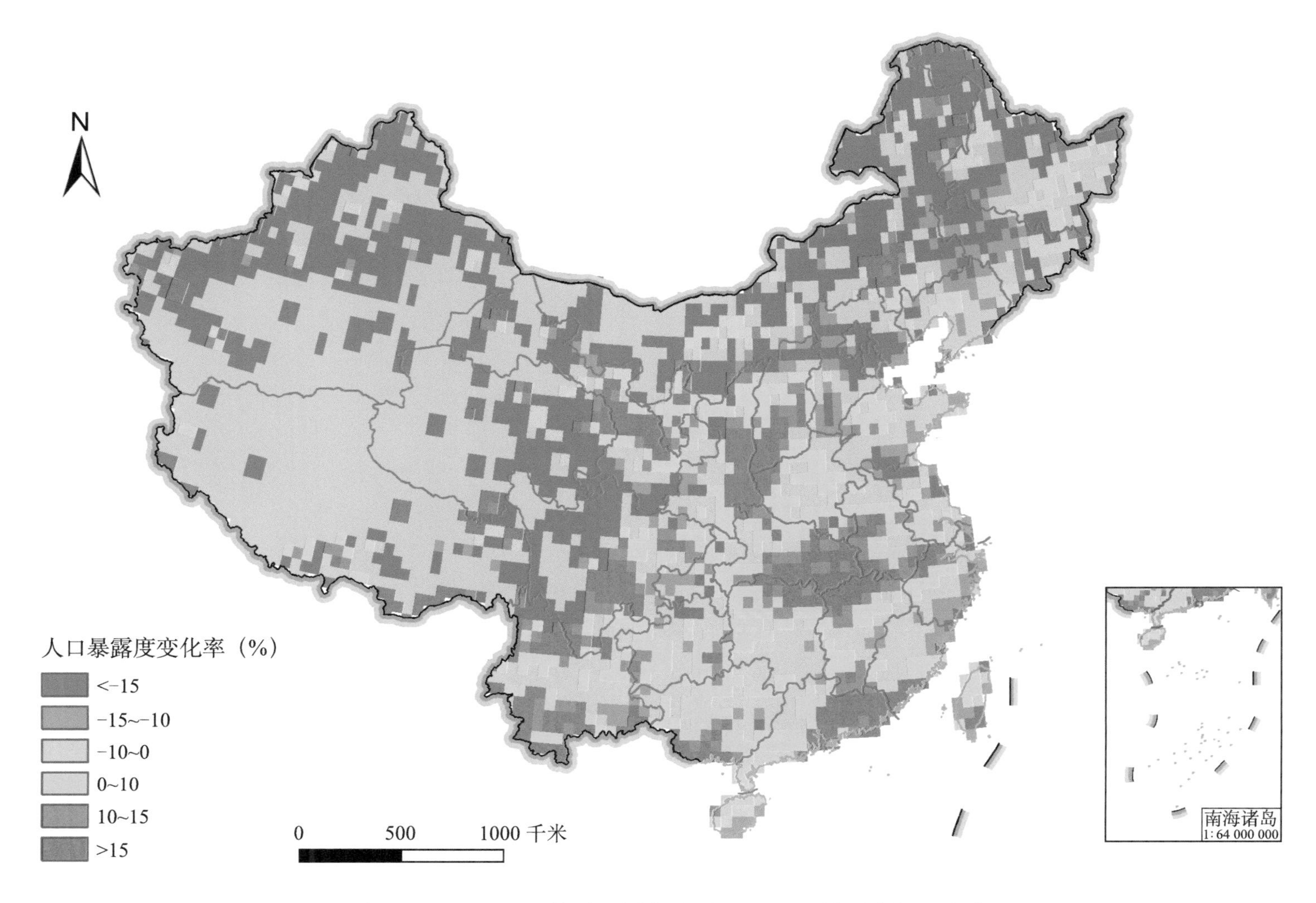
N
人口暴露度变化率（%）
<-15
-15~-10
-10~0
0~10
10~15
>15
0
500
1000 千米
南海诸岛
1: 64 000 000

图 4-20　RCP8.5 情景下近期中国干旱人口暴露度相对变化

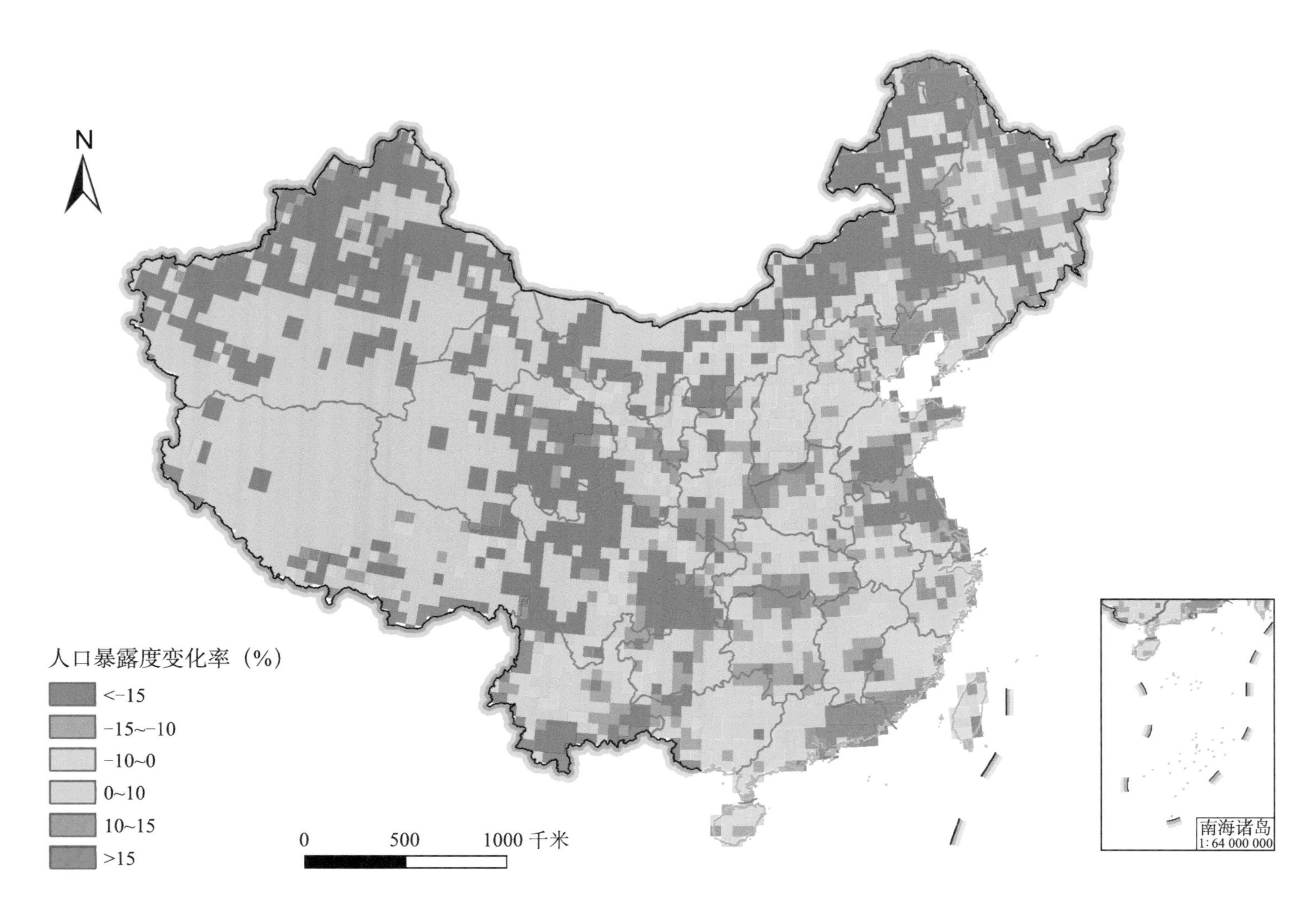
N
人口暴露度变化率（%）
<-15
-15~-10
-10~0
0~10
10~15
>15
0
500
1000 千米
南海诸岛
1:64 000 000

图 4-21　RCP8.5 情景下中期中国干旱人口暴露度相对变化

4.5 升温 1.5℃和 2.0℃情景下干旱人口暴露度变化

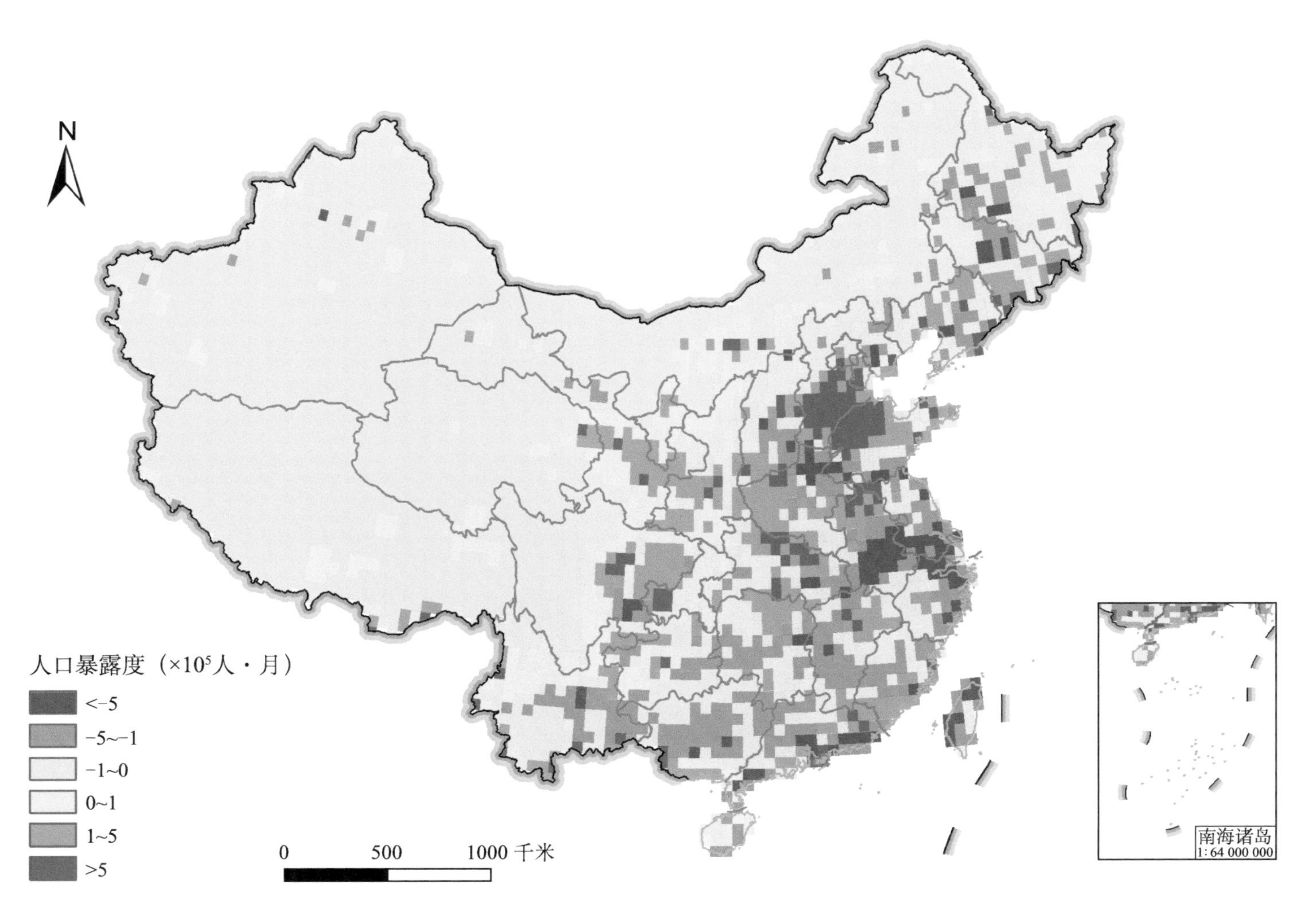
N
人口暴露度（×10⁵人·月）
<-5
-5~-1
-1~0
0~1
1~5
>5
0
500
1000 千米
南海诸岛
1: 64 000 000

图 4-22 升温 1.5℃情景下中国干旱人口暴露度变化

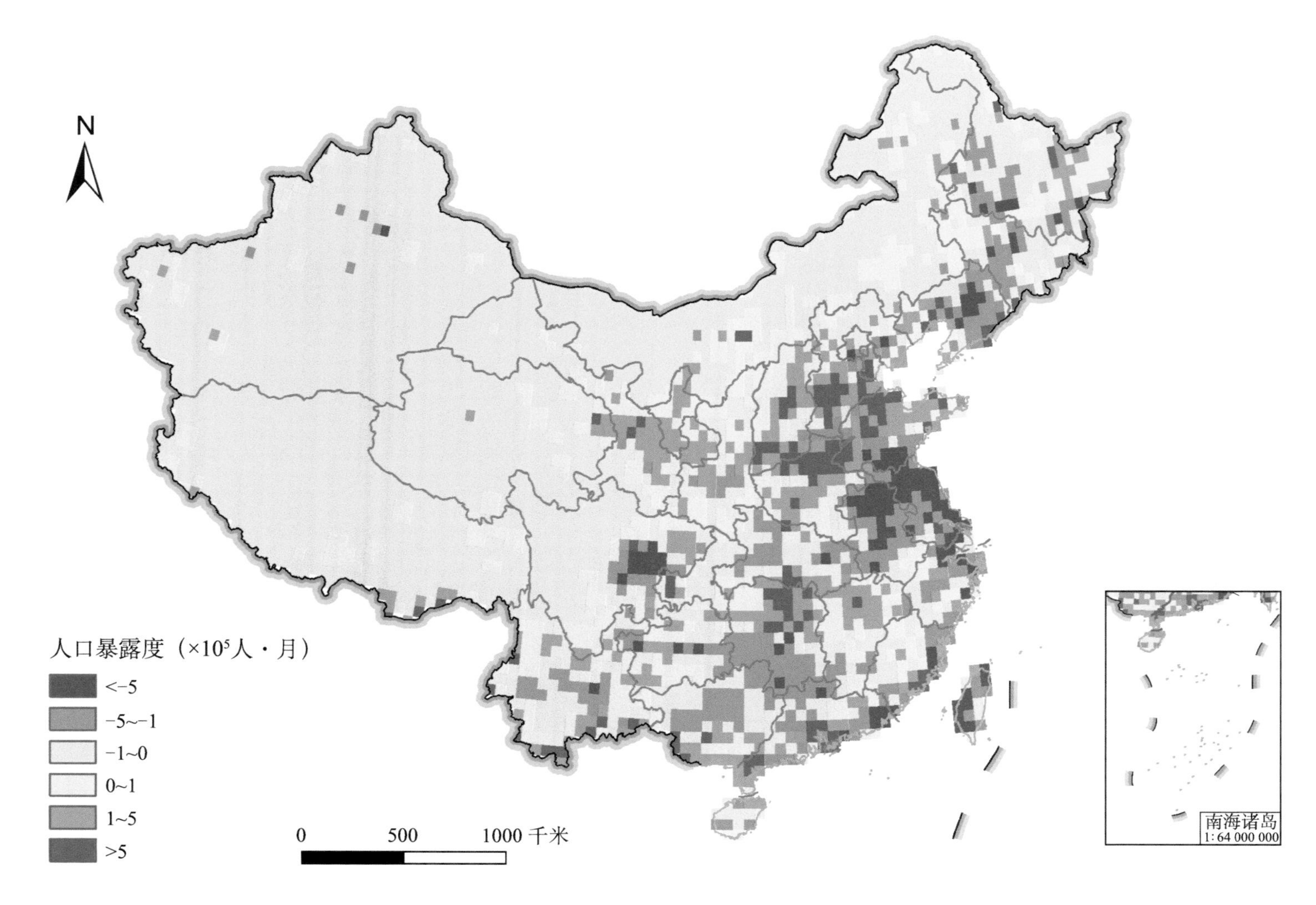
N
人口暴露度（×10⁵人·月）
<-5
-5~-1
-1~0
0~1
1~5
>5
0
500
1000 千米
南海诸岛
1: 64 000 000

图 4-23　升温 2.0℃情景下中国干旱人口暴露度变化

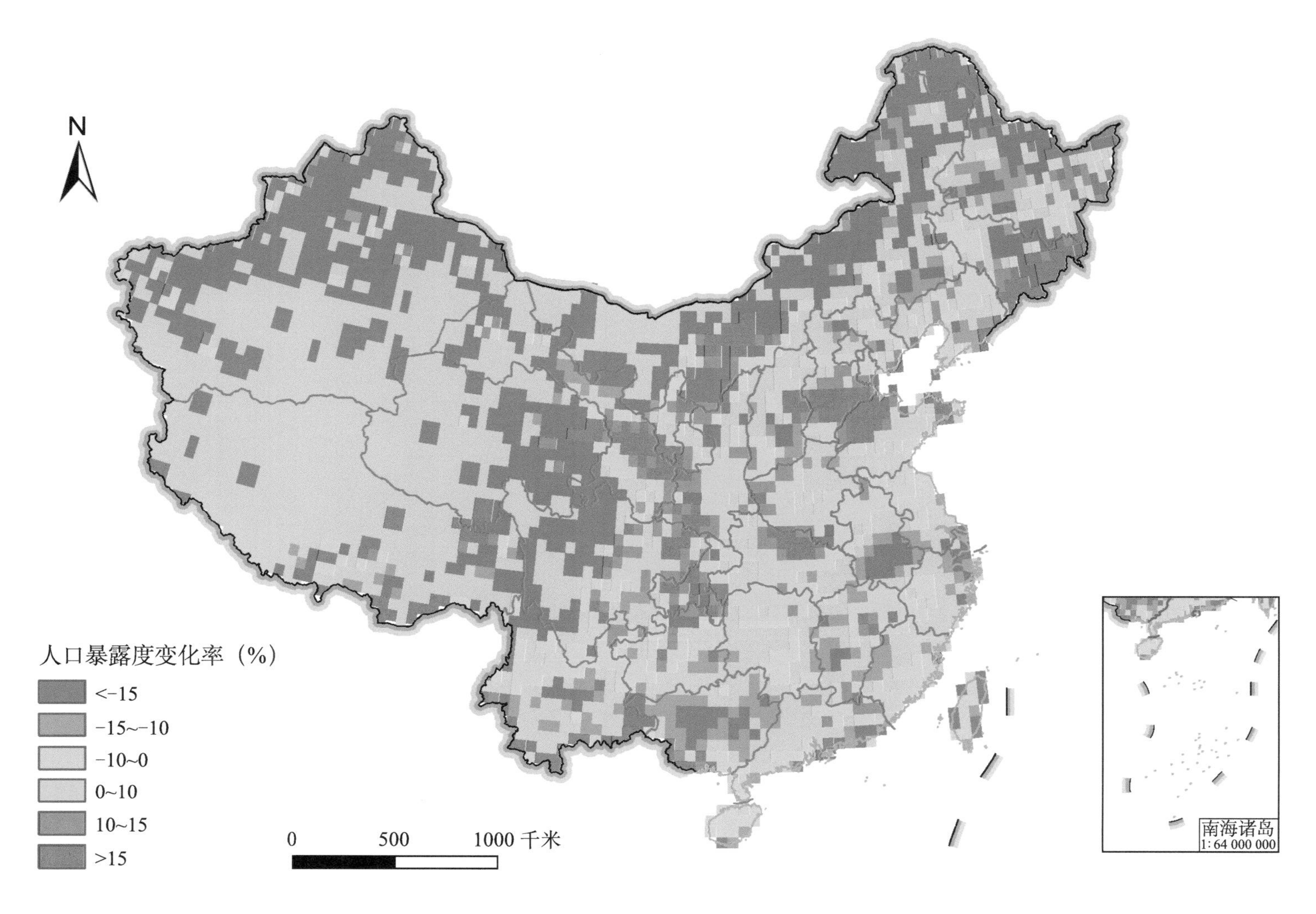
N
人口暴露度变化率（%）
<-15
-15~-10
-10~0
0~10
10~15
>15
0
500
1000 千米
南海诸岛
1: 64 000 000

图 4-24　升温 1.5℃情景下中国干旱人口暴露度相对变化

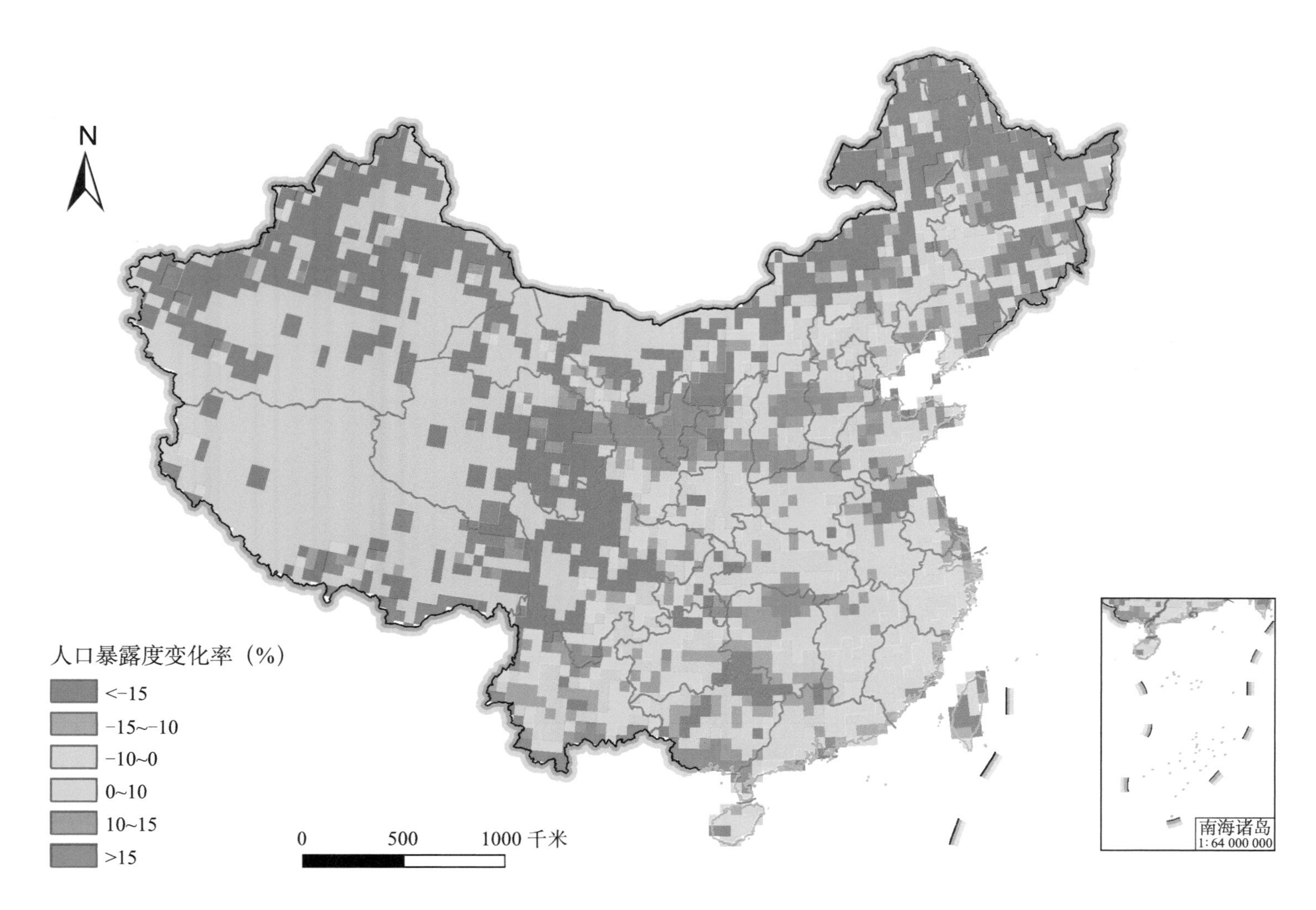
N
人口暴露度变化率（%）
<-15
-15~-10
-10~0
0~10
10~15
>15
0
500
1000 千米
南海诸岛
1: 64 000 000

图 4-25　升温 2.0℃情景下中国干旱人口暴露度相对变化

第五部分

气候变化下中国干旱 GDP 暴露度

本部分展示了气候变化背景下多情景和多时段的中国干旱 GDP 暴露度空间分布，包括基准期（1986—2005 年）以及 3 种气候变化情景下（RCP2.6-SSP1、RCP4.5-SSP2、RCP8.5-SSP3）未来近期（2016—2035 年）与中期（2046—2065 年）以及升温 1.5℃情景（RCP2.6-SSP1，2020—2039 年）和升温 2.0℃情景（RCP4.5-SSP2，2040—2059 年）。共包含 25 幅地图，其中 5.1，5.2，5.3 节分别为基准期、三种气候变化情景及两种升温情景下中国干旱 GDP 暴露度；5.4 节和 5.5 节分别为气候变化情景及升温情景下干旱 GDP 暴露度相对于基准期的变化，包括暴露度绝对变化与相对变化，数据空间分辨率为 0.5°×0.5°。本部分通过多情景、多时段的气候预估数据反映气候变化下我国未来干旱 GDP 暴露度及其变化的时空分异。

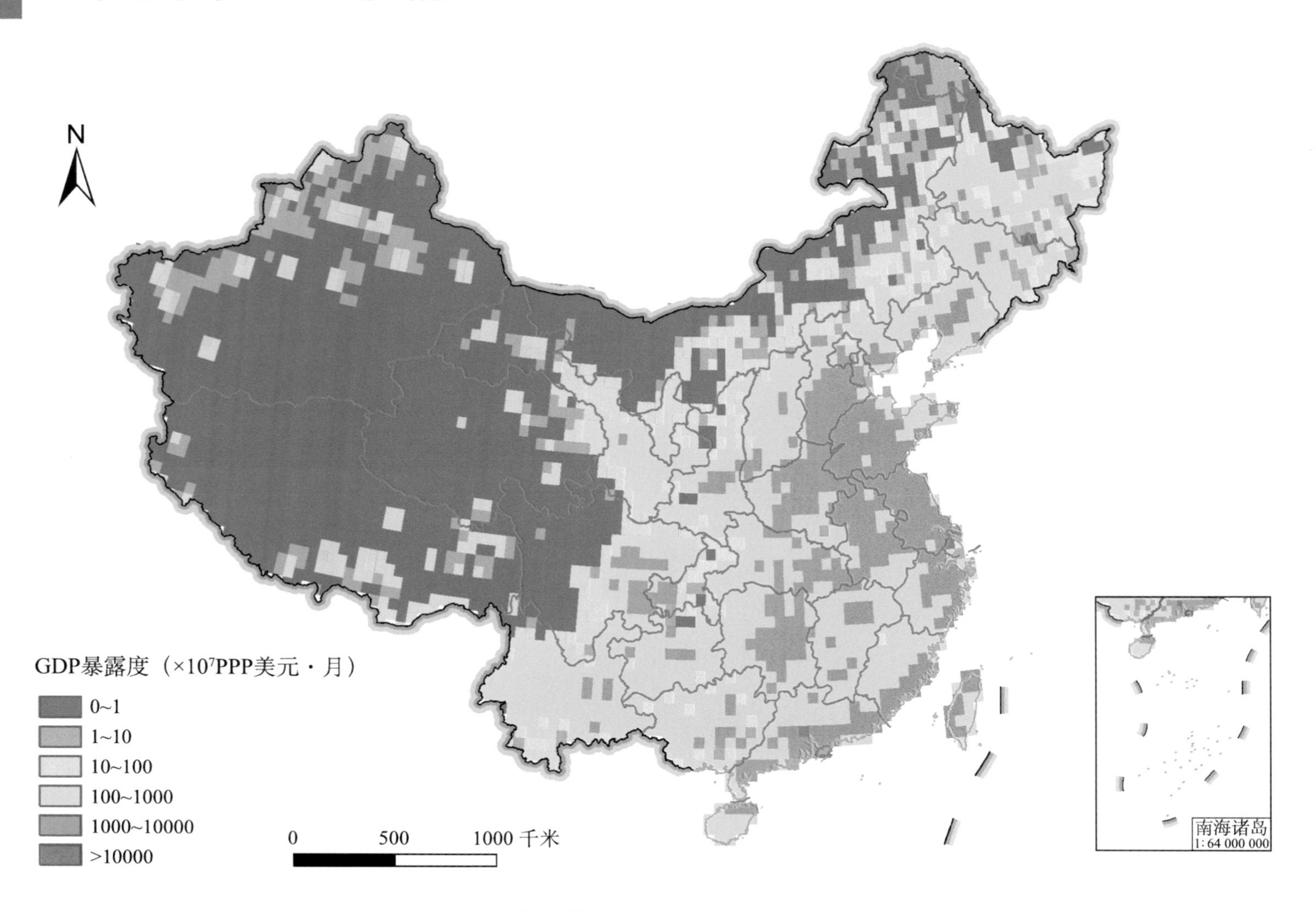
N
GDP暴露度（×10⁷PPP美元·月）
0~1
1~10
10~100
100~1000
1000~10000
>10000
0
500
1000 千米
南海诸岛
1:64 000 000

图 5-1　基准期中国干旱 GDP 暴露度分布

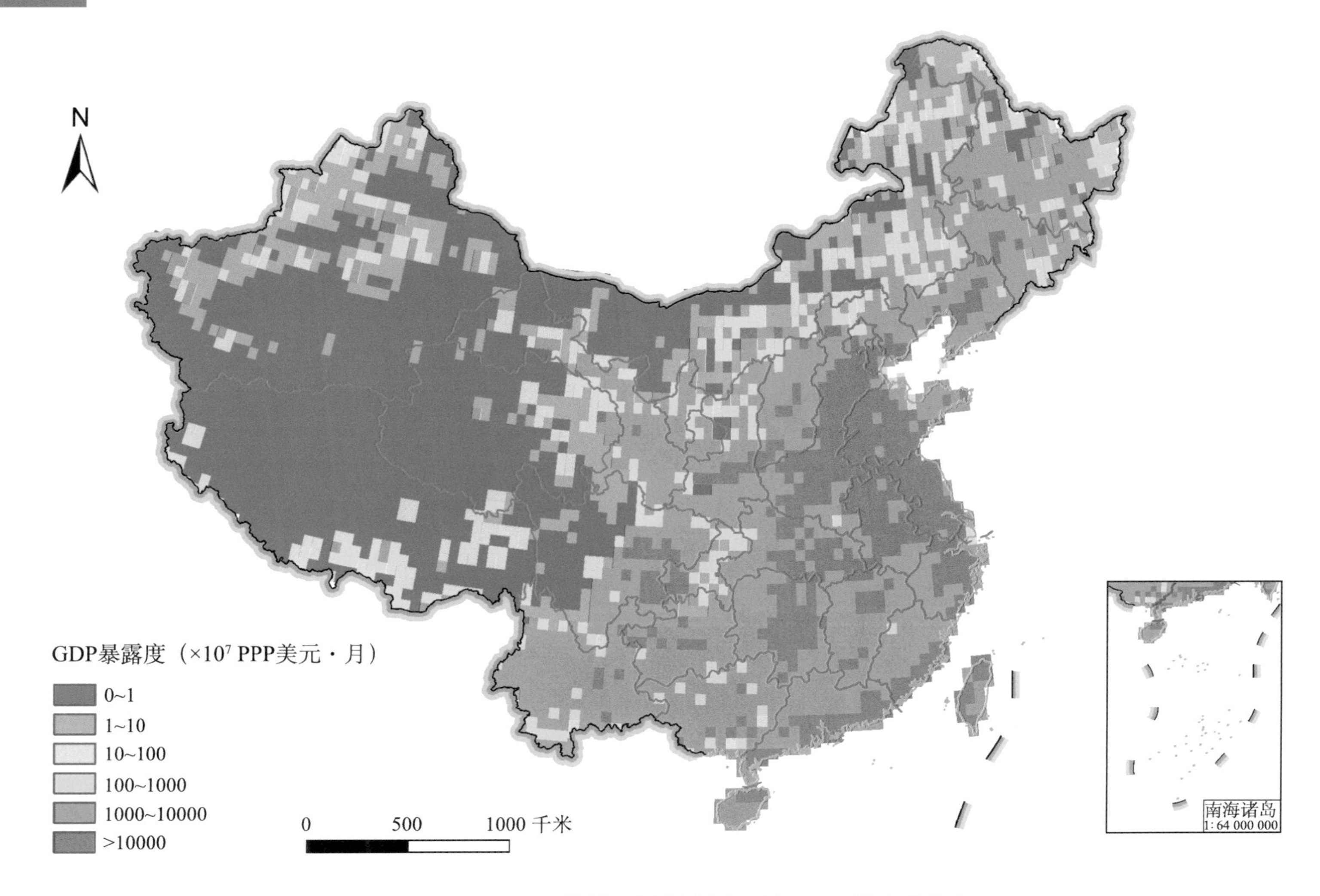
N
GDP暴露度（×10⁷ PPP美元·月）
0~1
1~10
10~100
100~1000
1000~10000
>10000
0
500
1000 千米
南海诸岛
1: 64 000 000

图 5-2　RCP2.6 情景下近期中国干旱 GDP 暴露度分布

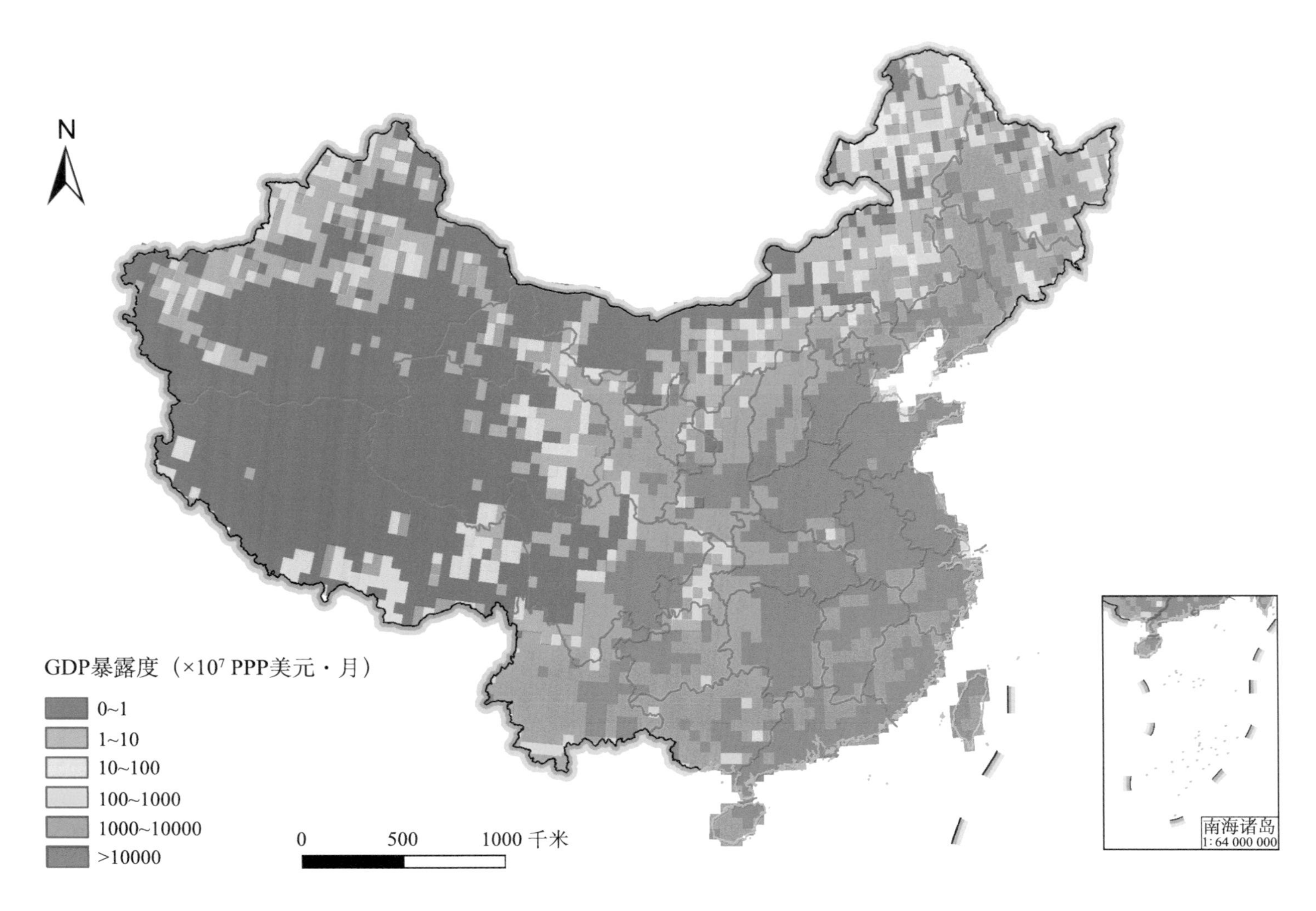
N
GDP暴露度（×10⁷ PPP美元·月）
0~1
1~10
10~100
100~1000
1000~10000
>10000
0
500
1000 千米
南海诸岛
1:64 000 000

图 5-3 RCP2.6 情景下中期中国干旱 GDP 暴露度分布

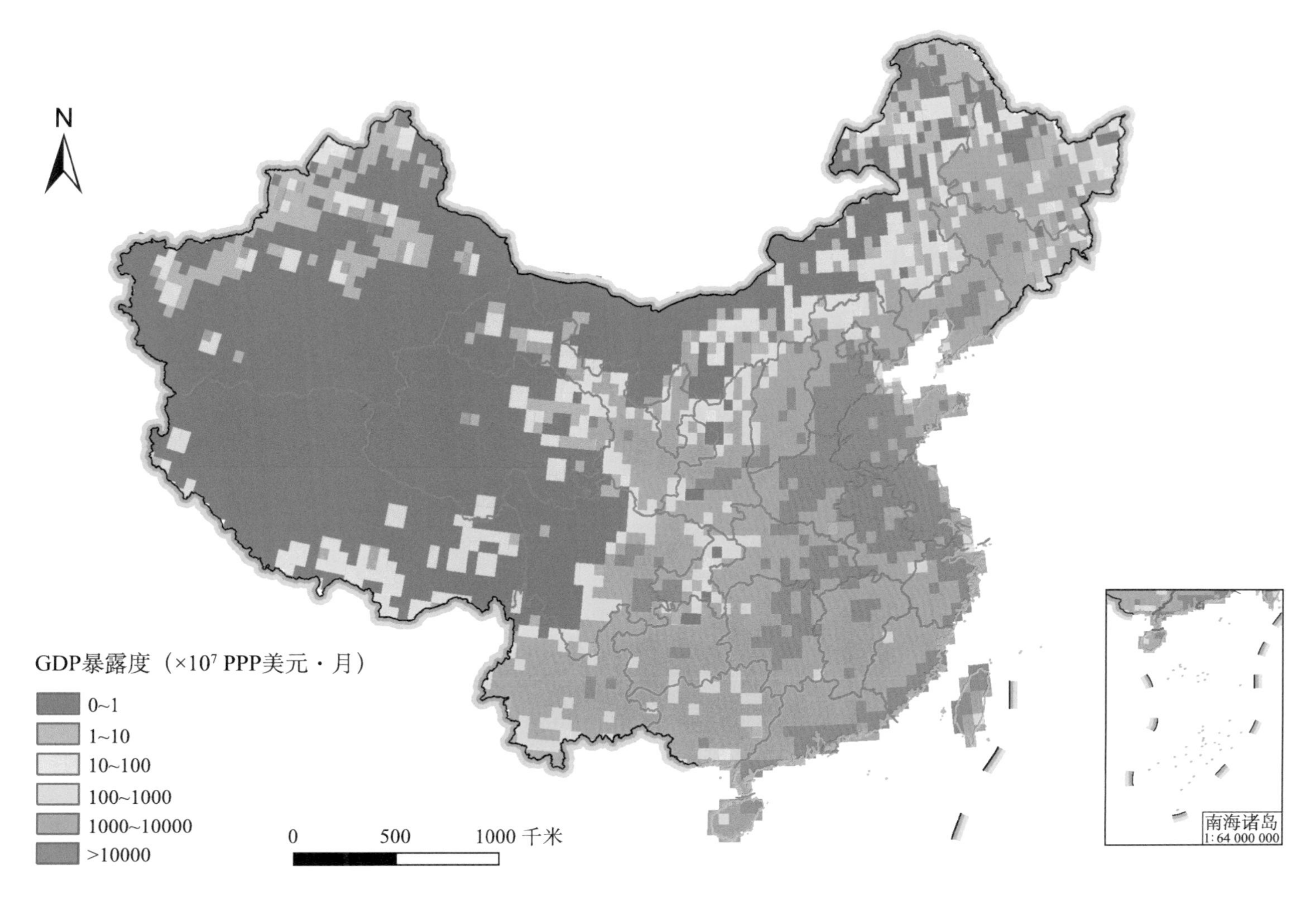
N
GDP暴露度（×10⁷ PPP美元・月）
0~1
1~10
10~100
100~1000
1000~10000
>10000
0
500
1000 千米
南海诸岛
1:64 000 000

图 5-4　RCP4.5 情景下近期中国干旱 GDP 暴露度分布

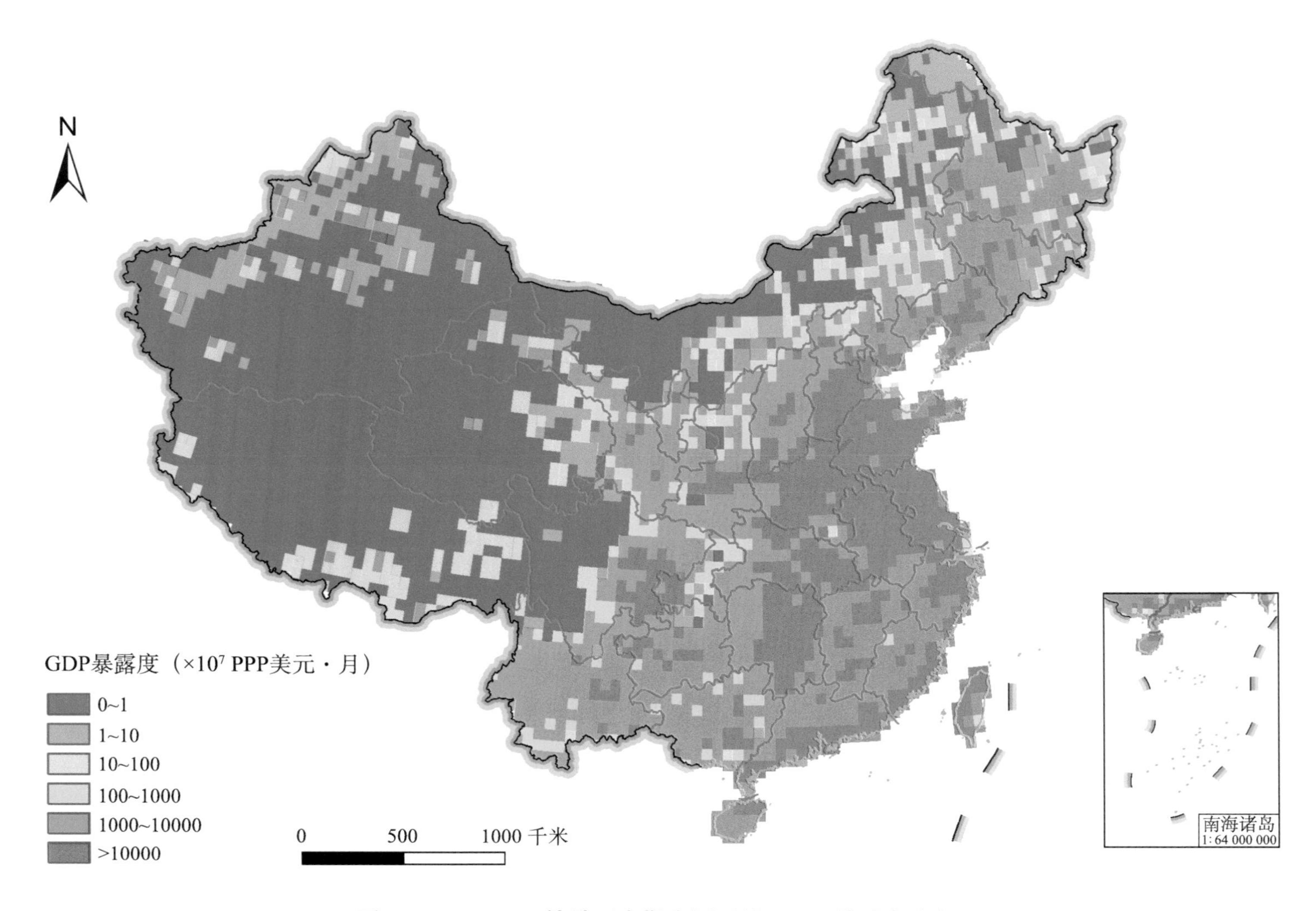
N
GDP暴露度（×10⁷ PPP美元·月）
0~1
1~10
10~100
100~1000
1000~10000
>10000
0
500
1000 千米
南海诸岛
1:64 000 000

图 5-5　RCP4.5 情景下中期中国干旱 GDP 暴露度分布

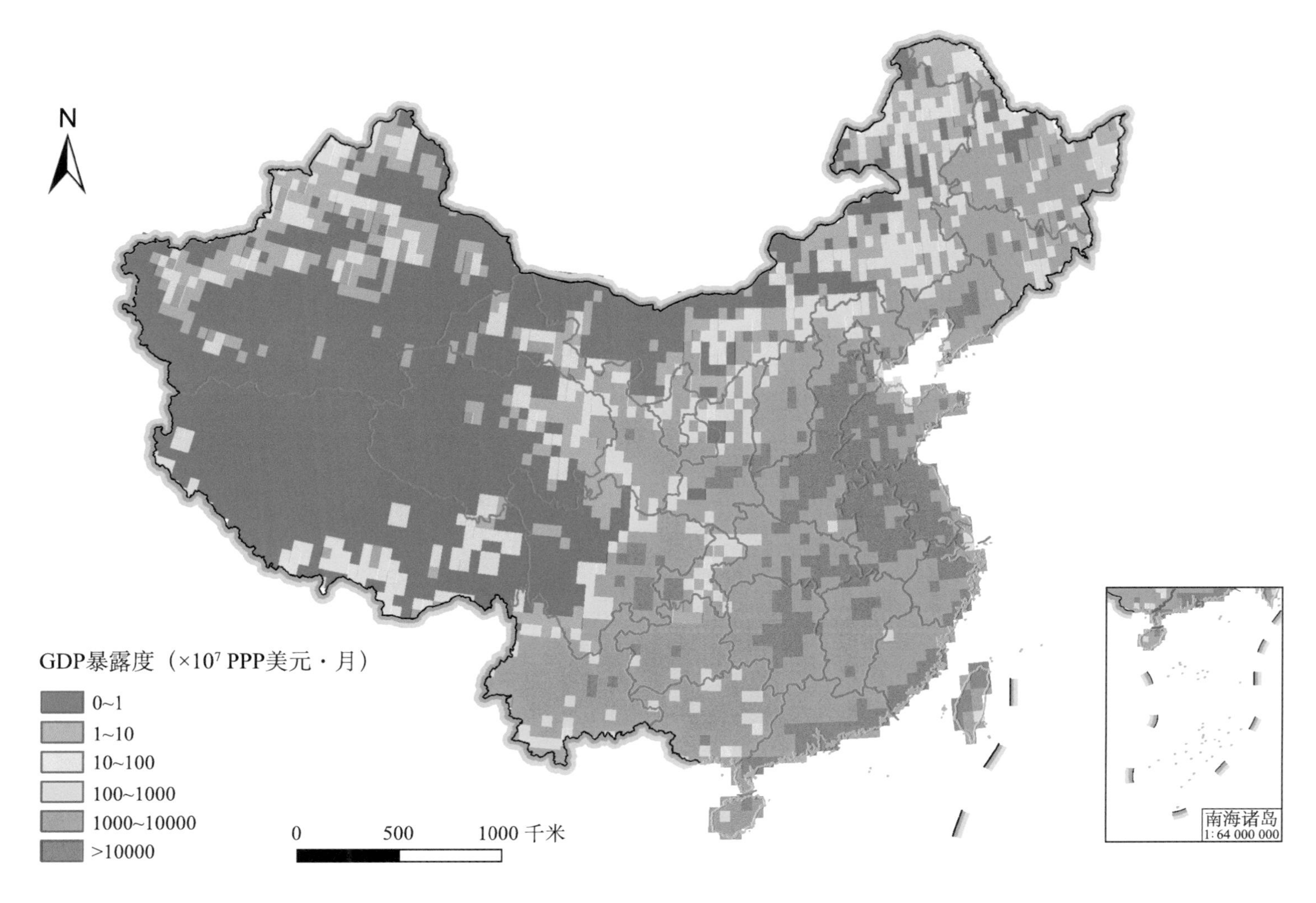
N
GDP暴露度（×10⁷ PPP美元・月）
0~1
1~10
10~100
100~1000
1000~10000
>10000
0
500
1000 千米
南海诸岛
1: 64 000 000

图 5-6　RCP8.5 情景下近期中国干旱 GDP 暴露度分布

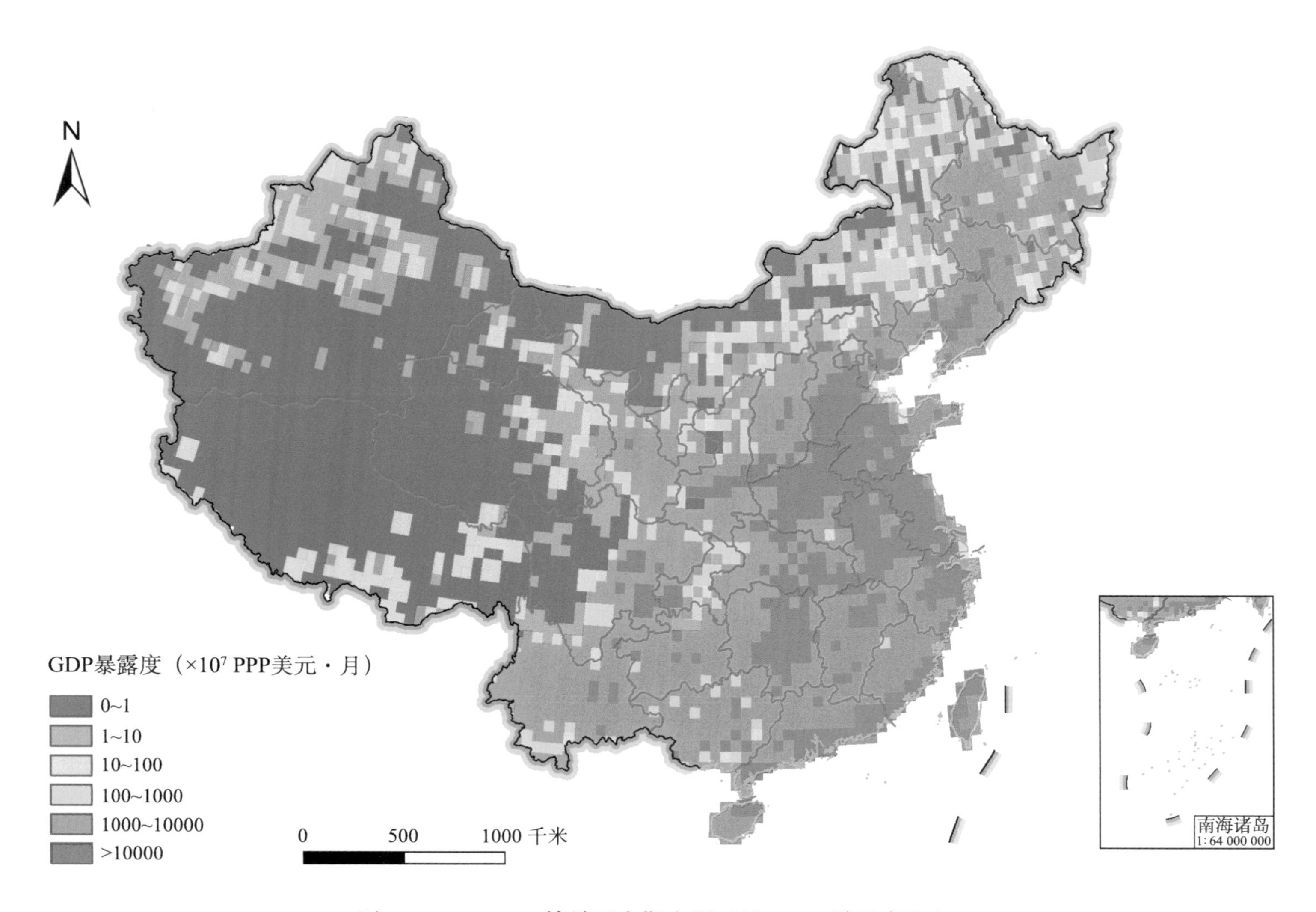
N
GDP暴露度（×10⁷ PPP美元·月）
0~1
1~10
10~100
100~1000
1000~10000
>10000
0
500
1000 千米
南海诸岛
1: 64 000 000

图 5-7　RCP8.5 情景下中期中国干旱 GDP 暴露度分布

5.3 升温 1.5℃和 2.0℃情景下 GDP 暴露度

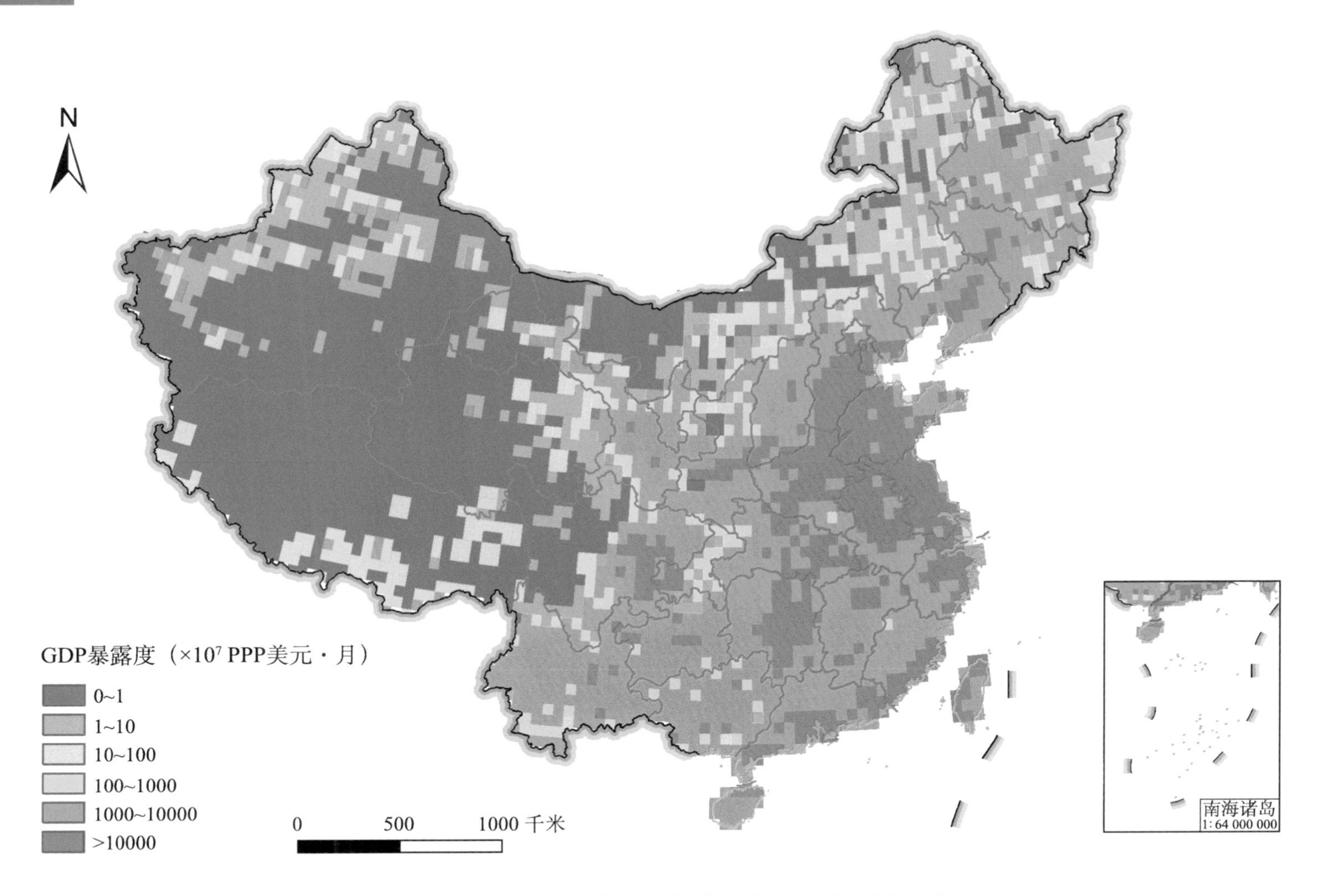

N
GDP暴露度（×10⁷ PPP美元・月）
0~1
1~10
10~100
100~1000
1000~10000
>10000
0
500
1000 千米
南海诸岛
1:64 000 000

图 5-8　升温 1.5℃情景下中国干旱 GDP 暴露度分布

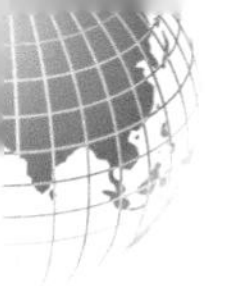

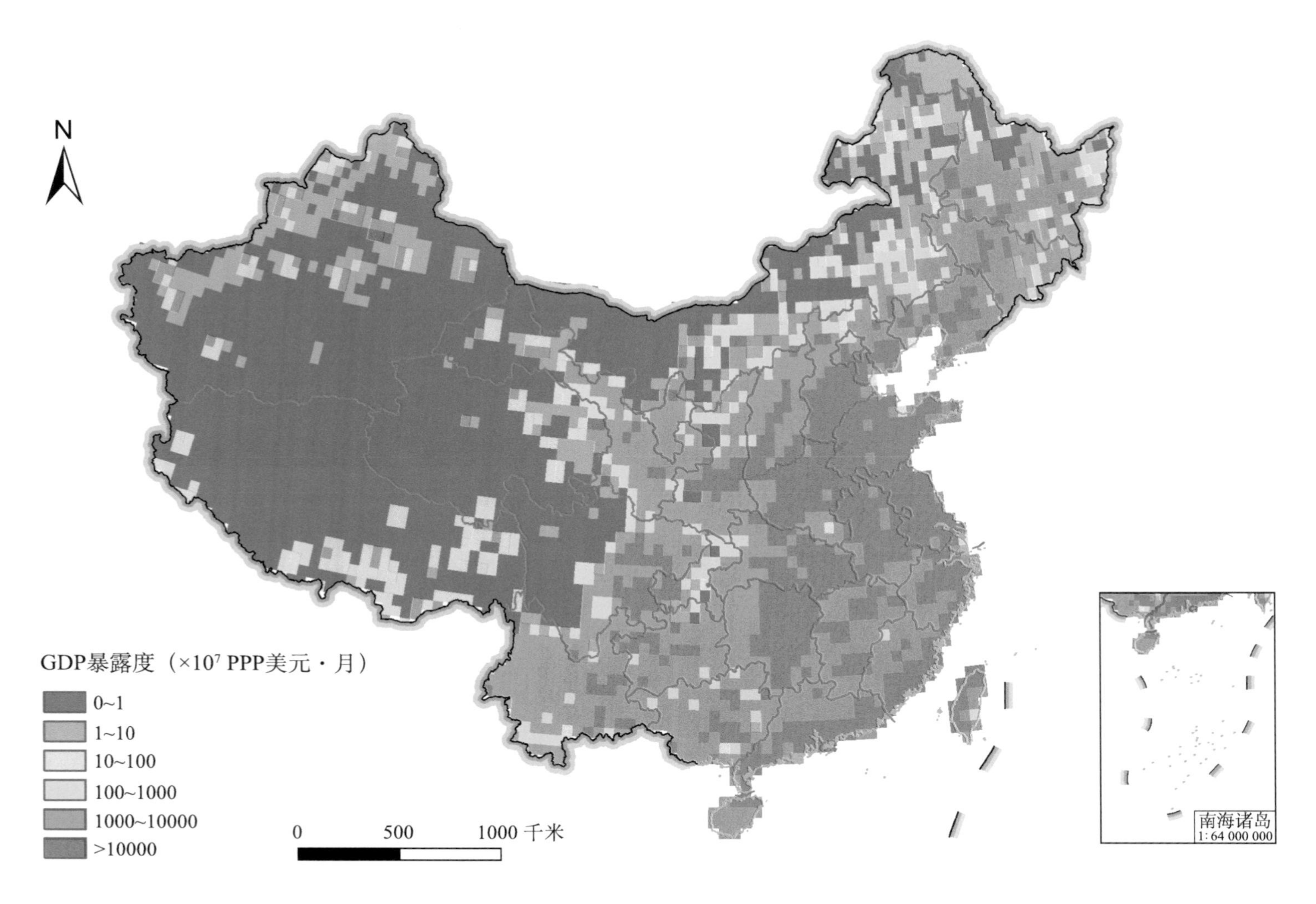
N
GDP暴露度（×10⁷ PPP美元・月）
0~1
1~10
10~100
100~1000
1000~10000
>10000
0
500
1000 千米
南海诸岛
1: 64 000 000

图 5-9　升温 2.0℃情景下中国干旱 GDP 暴露度分布

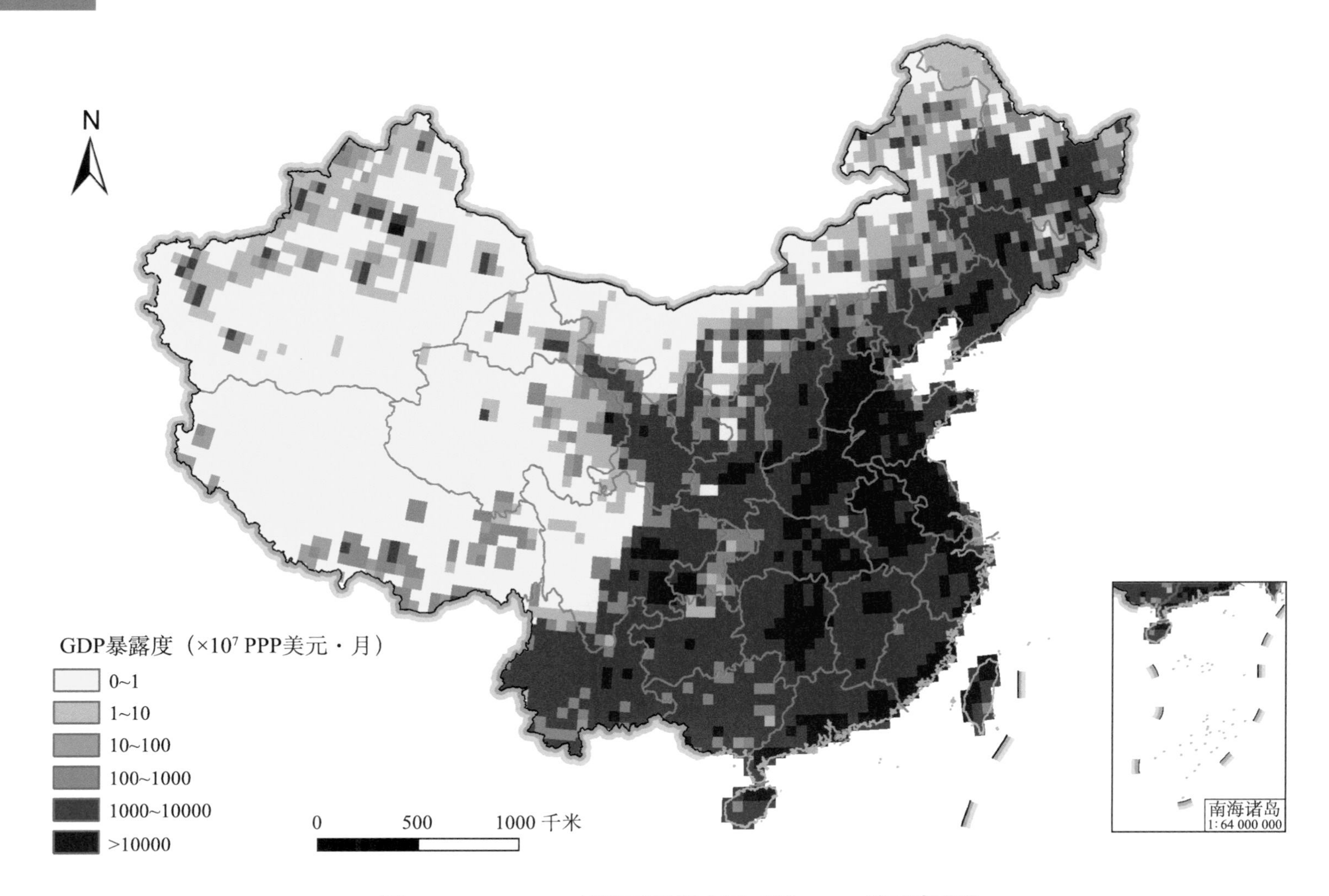
N
GDP暴露度（×10⁷ PPP美元·月）
0~1
1~10
10~100
100~1000
1000~10000
>10000
0
500
1000 千米
南海诸岛
1: 64 000 000

图 5-10 RCP2.6 情景下近期中国干旱 GDP 暴露度变化

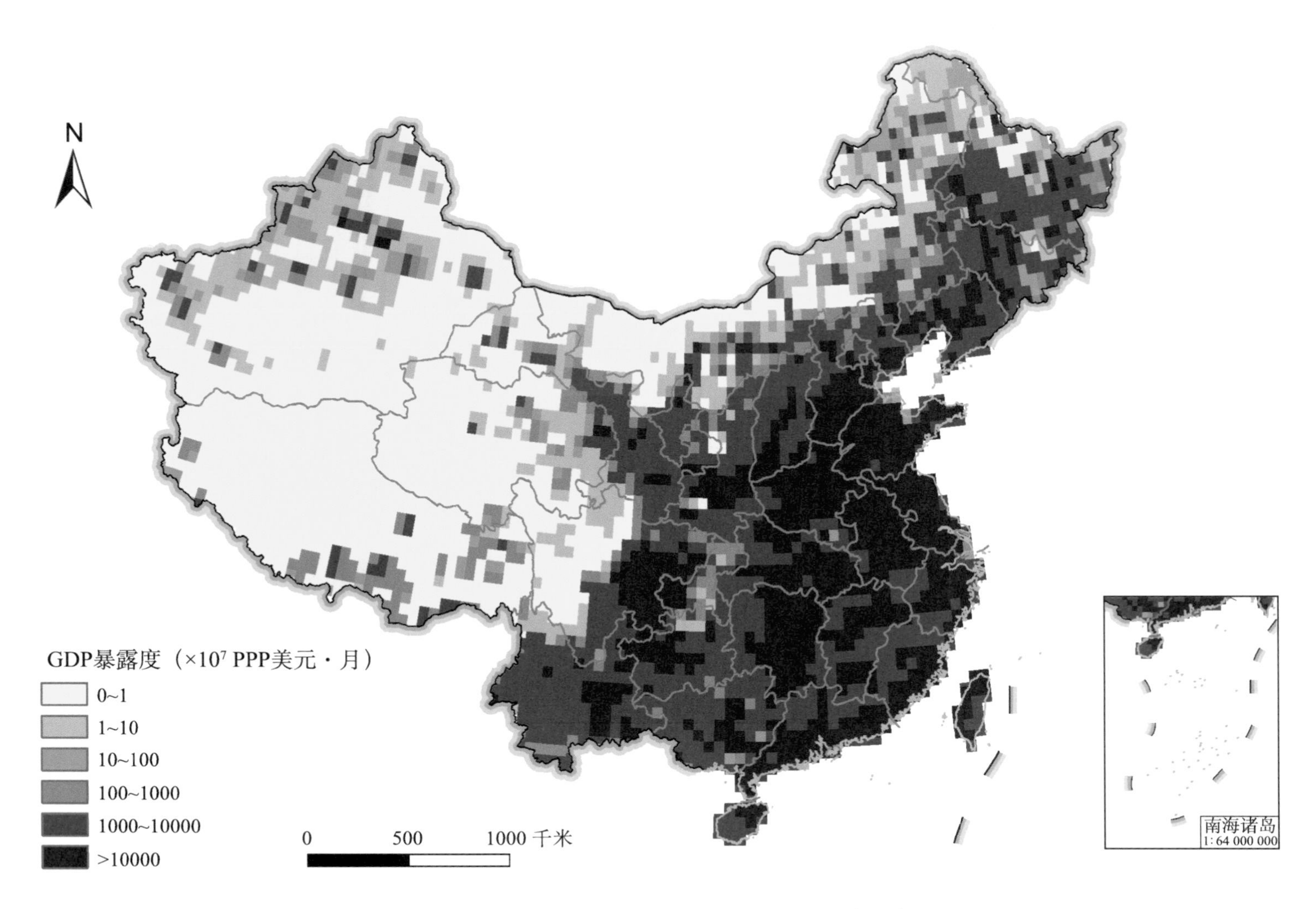
N
GDP暴露度（×10^7 PPP美元·月）
0~1
1~10
10~100
100~1000
1000~10000
>10000
0
500
1000 千米
南海诸岛
1: 64 000 000

图 5-11　RCP2.6 情景下中期中国干旱 GDP 暴露度变化

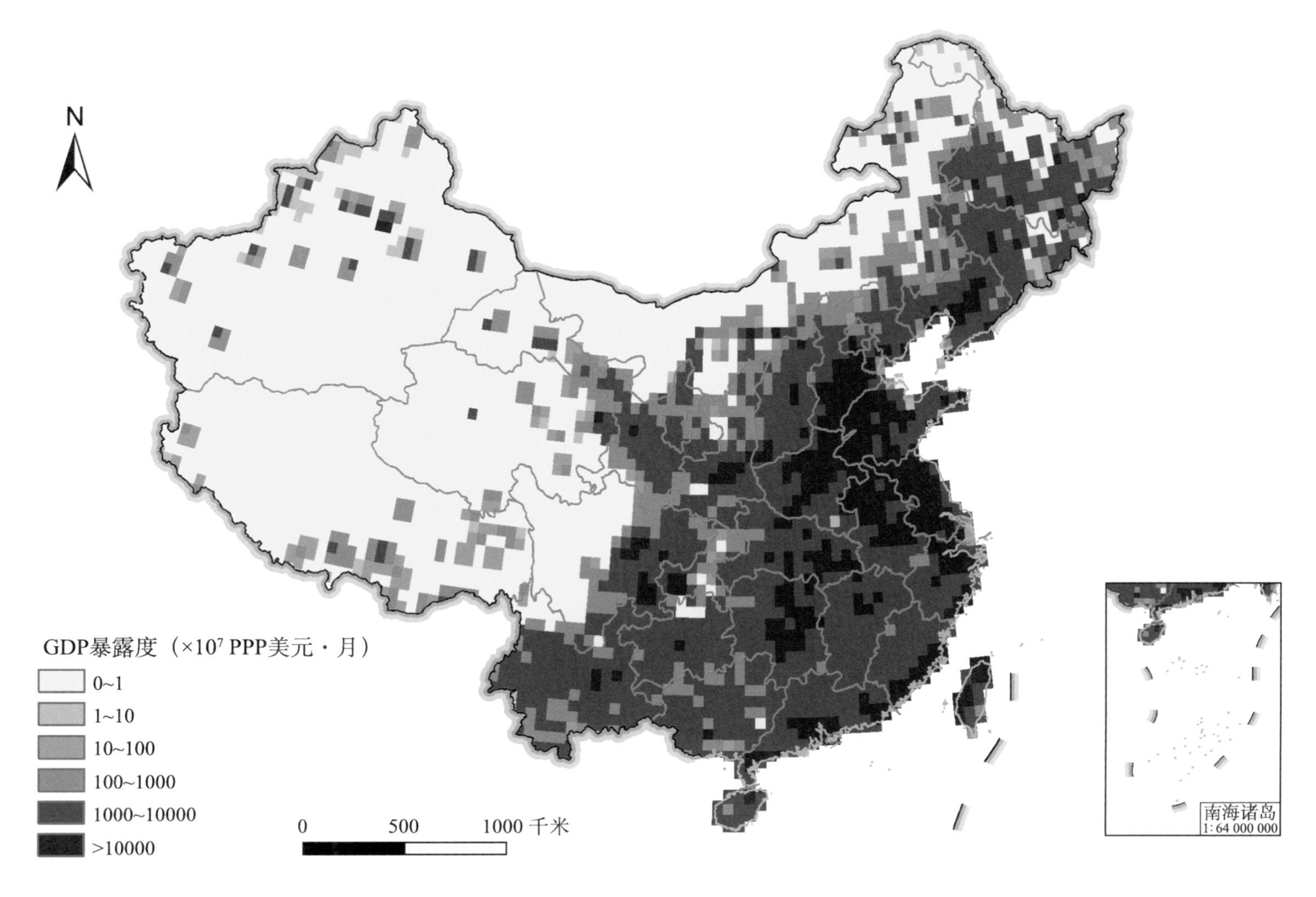
N
GDP暴露度（×10⁷ PPP美元 · 月）
0~1
1~10
10~100
100~1000
1000~10000
>10000
0
500
1000 千米
南海诸岛
1: 64 000 000

图 5-12　RCP4.5 情景下近期中国干旱 GDP 暴露度变化

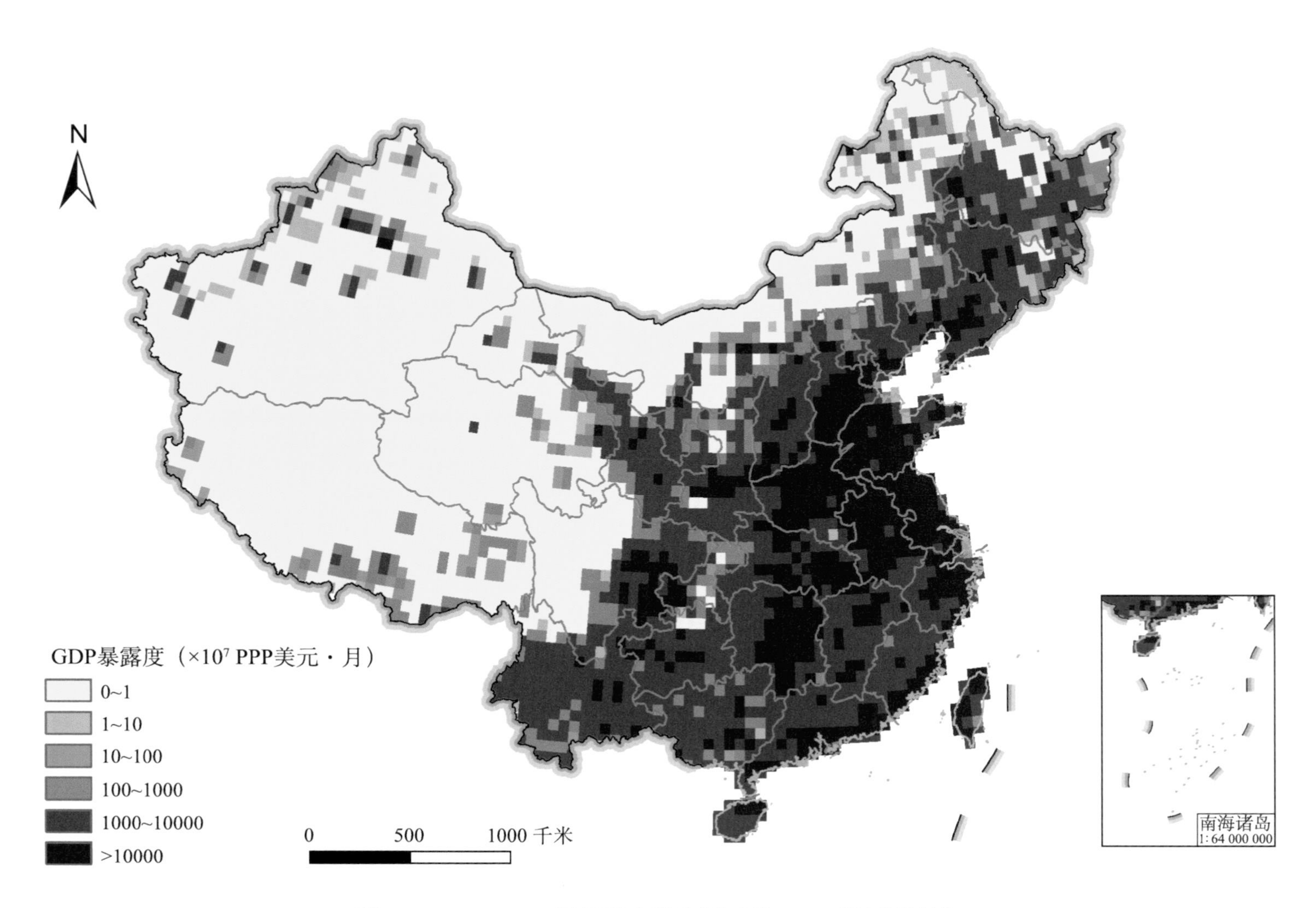
N
GDP暴露度（×10⁷ PPP美元·月）
0~1
1~10
10~100
100~1000
1000~10000
>10000
0
500
1000 千米
南海诸岛
1: 64 000 000

图 5-13　RCP4.5 情景下中期中国干旱 GDP 暴露度变化

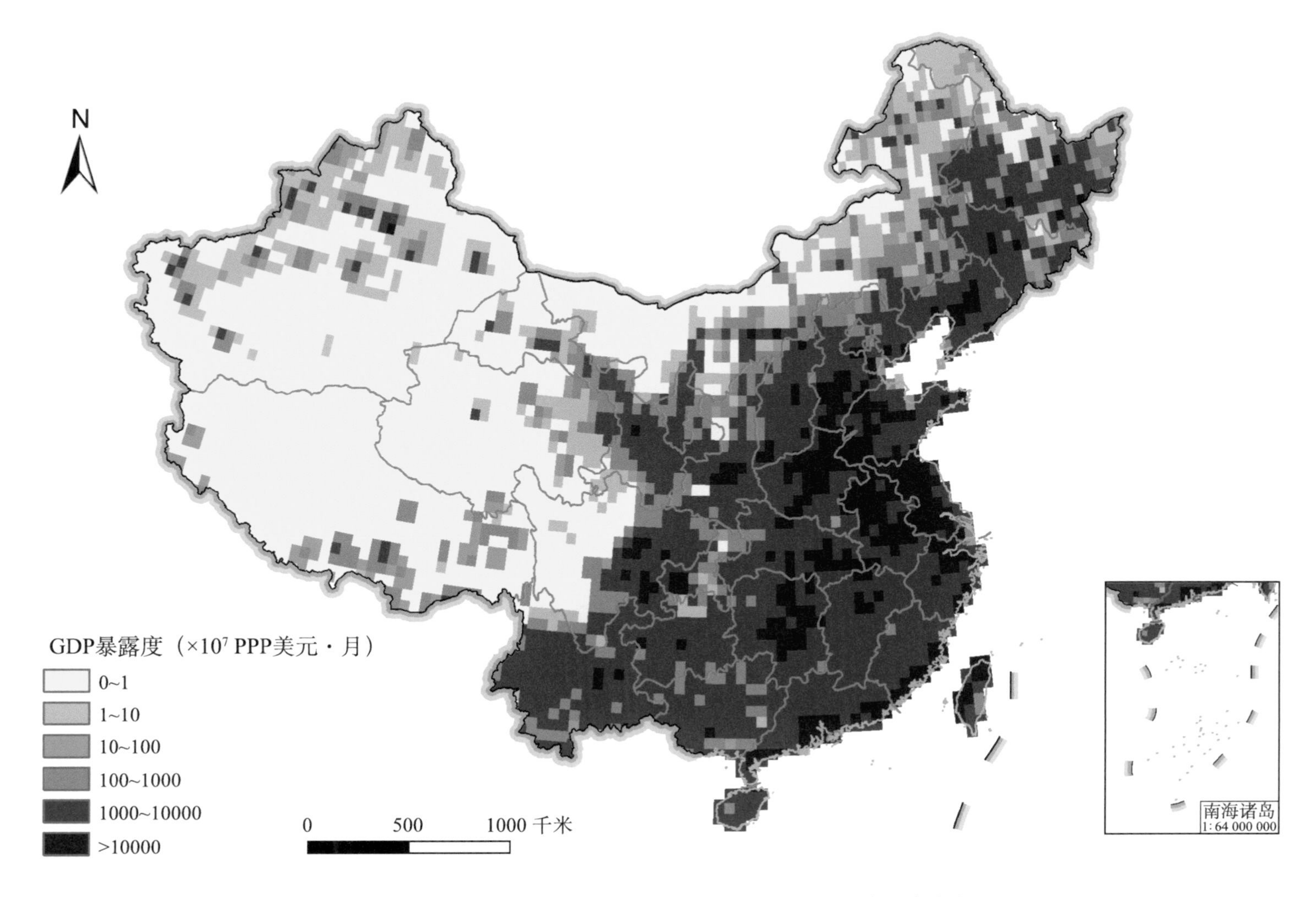
N
GDP暴露度（×10⁷ PPP美元·月）
0~1
1~10
10~100
100~1000
1000~10000
>10000
0
500
1000 千米
南海诸岛
1: 64 000 000

图 5-14　RCP8.5 情景下近期中国干旱 GDP 暴露度变化

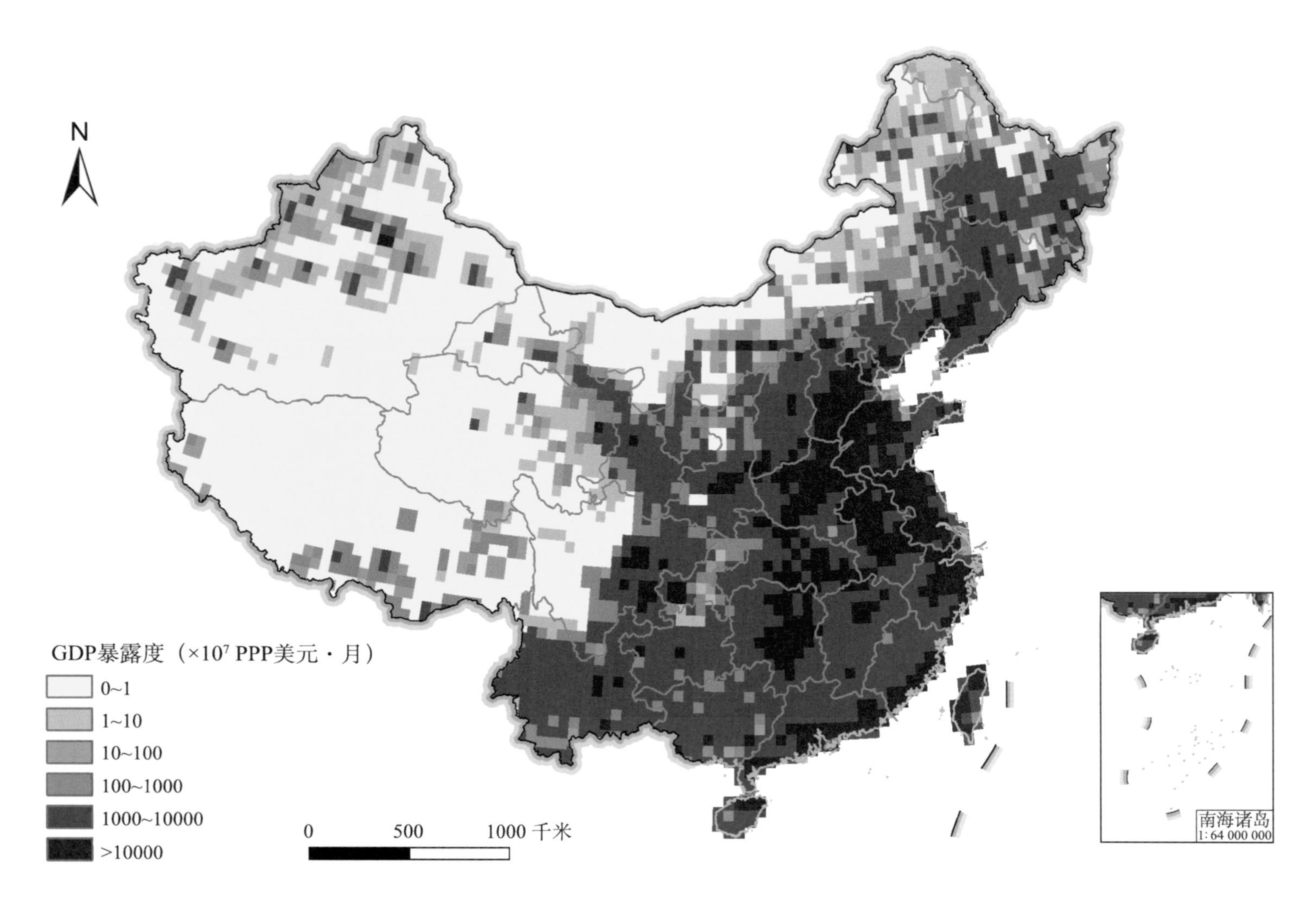
N
GDP暴露度（×10⁷ PPP美元・月）
0~1
1~10
10~100
100~1000
1000~10000
>10000
0
500
1000 千米
南海诸岛
1: 64 000 000

图 5-15　RCP8.5 情景下中期中国干旱 GDP 暴露度变化

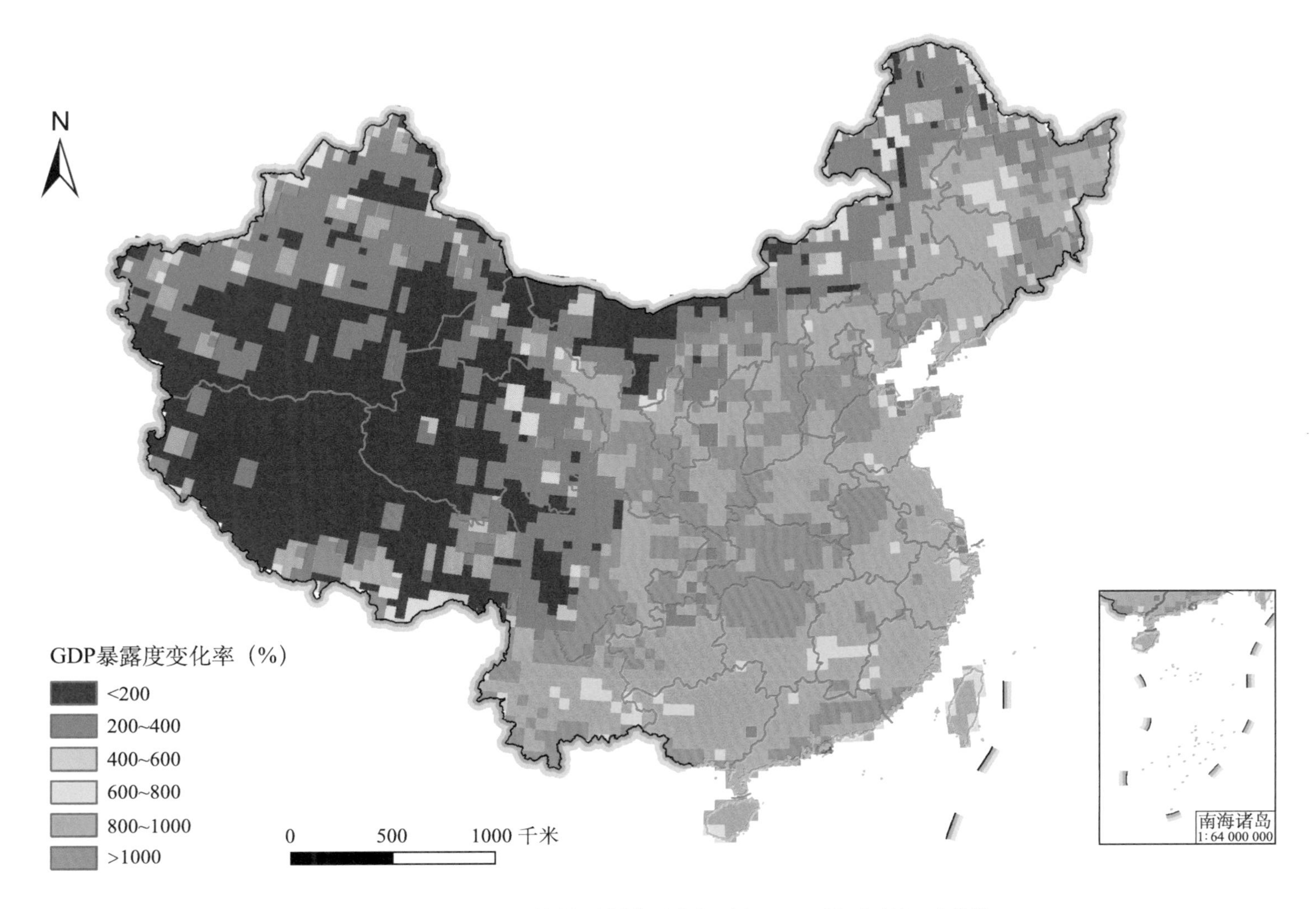
N
GDP暴露度变化率（%）
<200
200~400
400~600
600~800
800~1000
>1000
0
500
1000 千米
南海诸岛
1: 64 000 000

图 5-16　RCP2.6 情景下近期中国干旱 GDP 暴露度相对变化

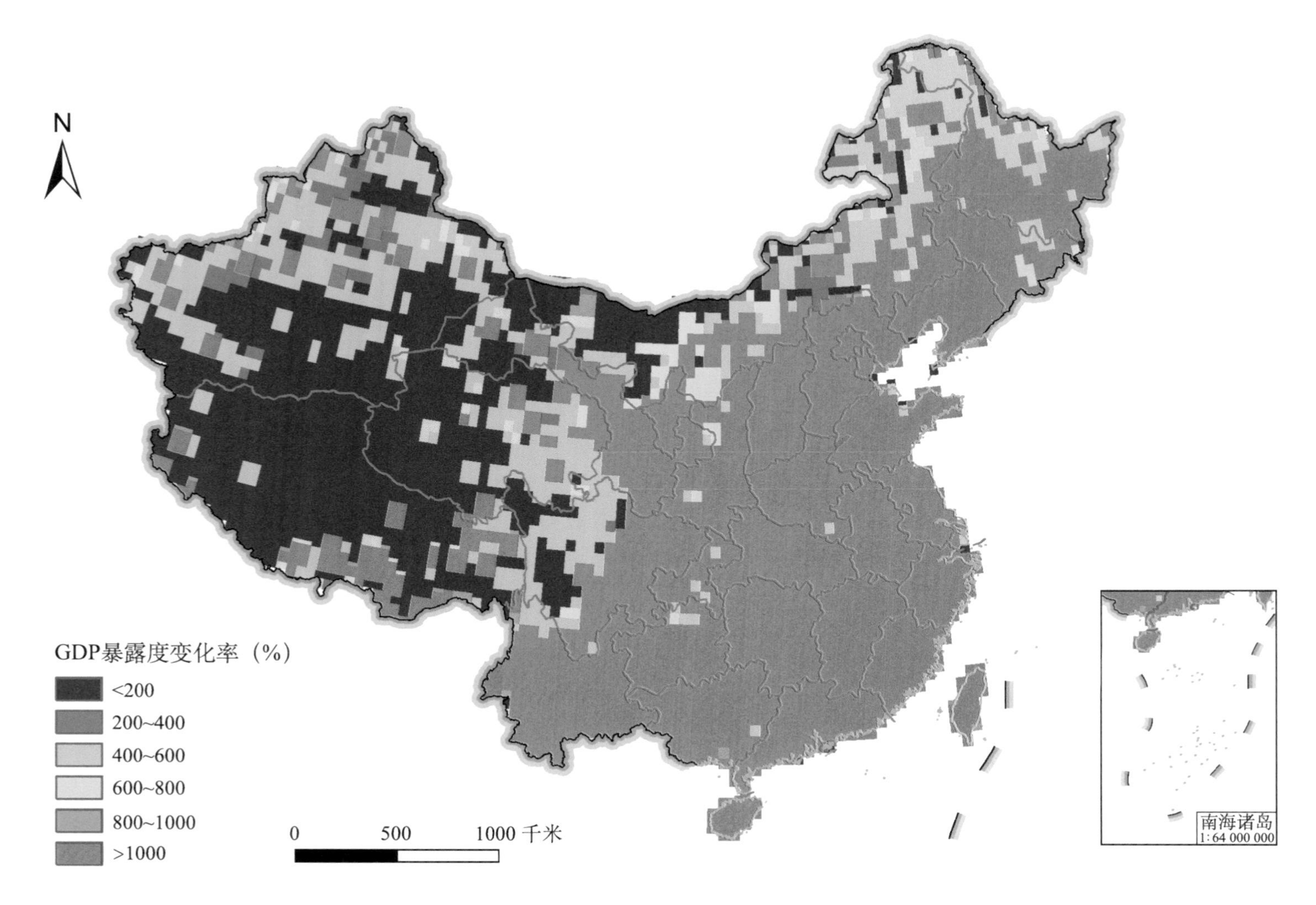
N
GDP暴露度变化率（%）
<200
200~400
400~600
600~800
800~1000
>1000
0
500
1000 千米
南海诸岛
1:64 000 000

图 5-17　RCP2.6 情景下中期中国干旱 GDP 暴露度相对变化

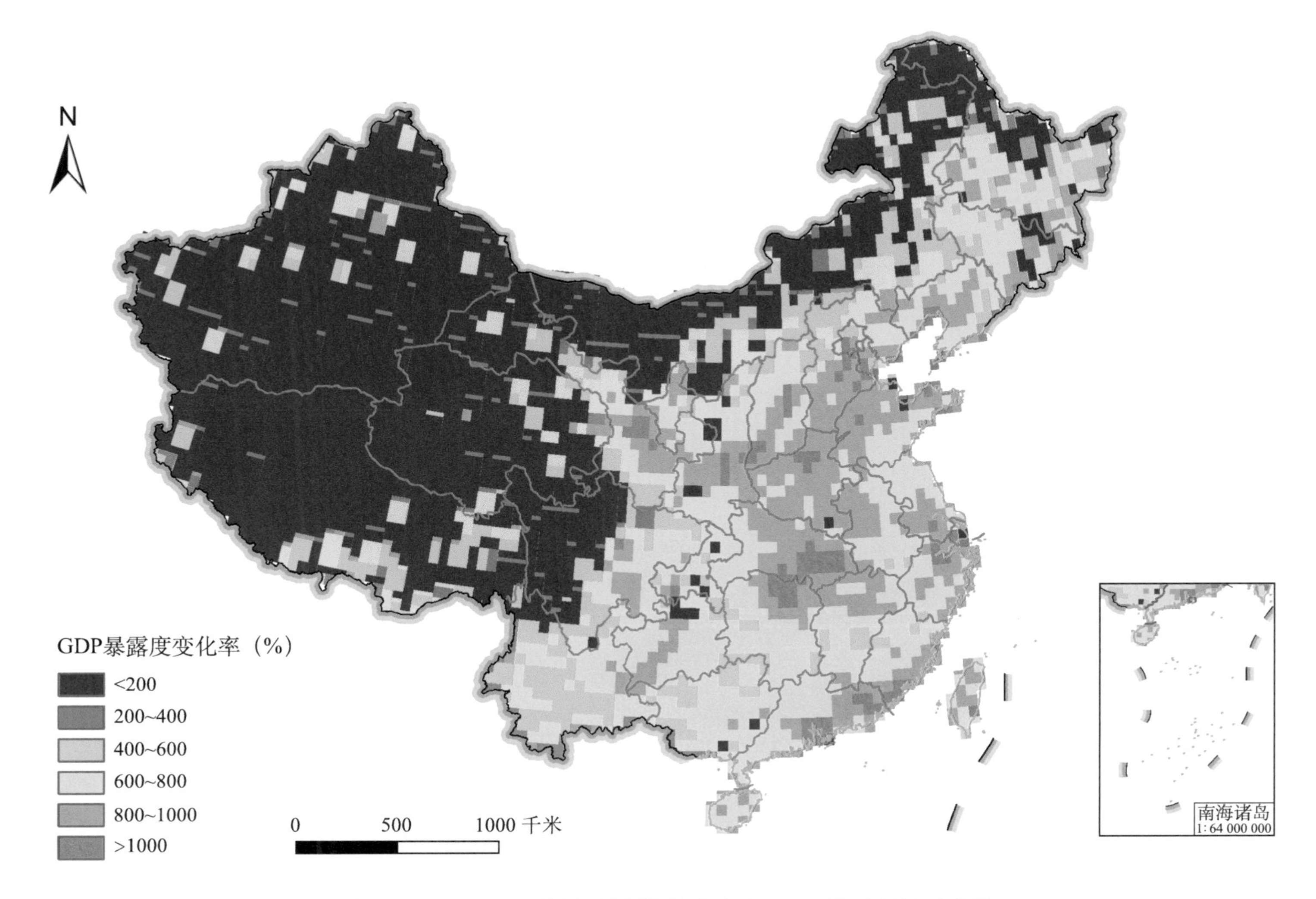
N
GDP暴露度变化率（%）
<200
200~400
400~600
600~800
800~1000
>1000
0
500
1000 千米
南海诸岛
1:64 000 000

图 5-18　RCP4.5 情景下近期中国干旱 GDP 暴露度相对变化

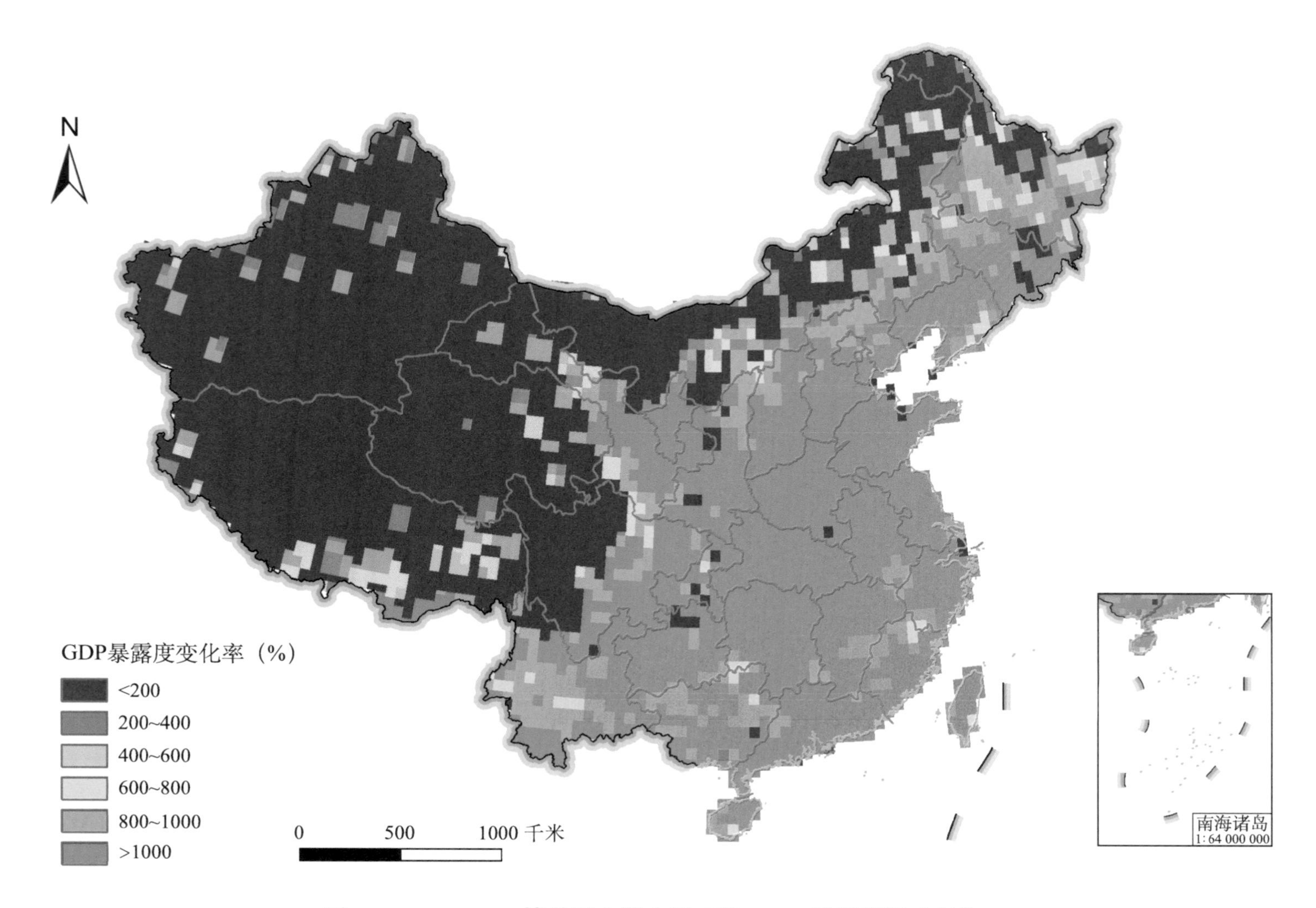
N
GDP暴露度变化率（%）
<200
200~400
400~600
600~800
800~1000
>1000
0
500
1000 千米
南海诸岛
1: 64 000 000

图 5-19　RCP4.5 情景下中期中国干旱 GDP 暴露度相对变化

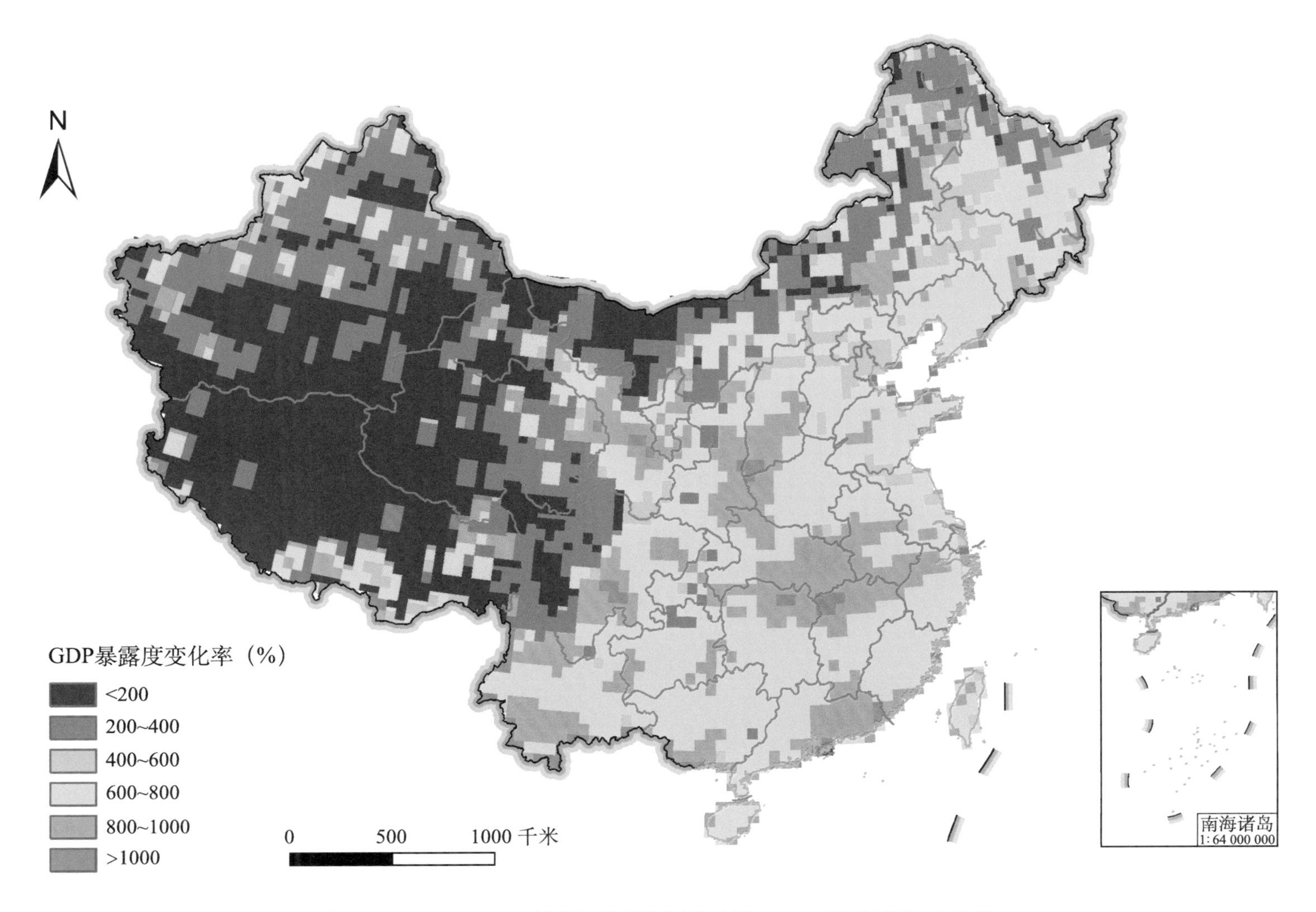
N
GDP暴露度变化率（%）
<200
200~400
400~600
600~800
800~1000
>1000
0
500
1000 千米
南海诸岛
1: 64 000 000

图 5-20　RCP8.5 情景下近期中国干旱 GDP 暴露度相对变化

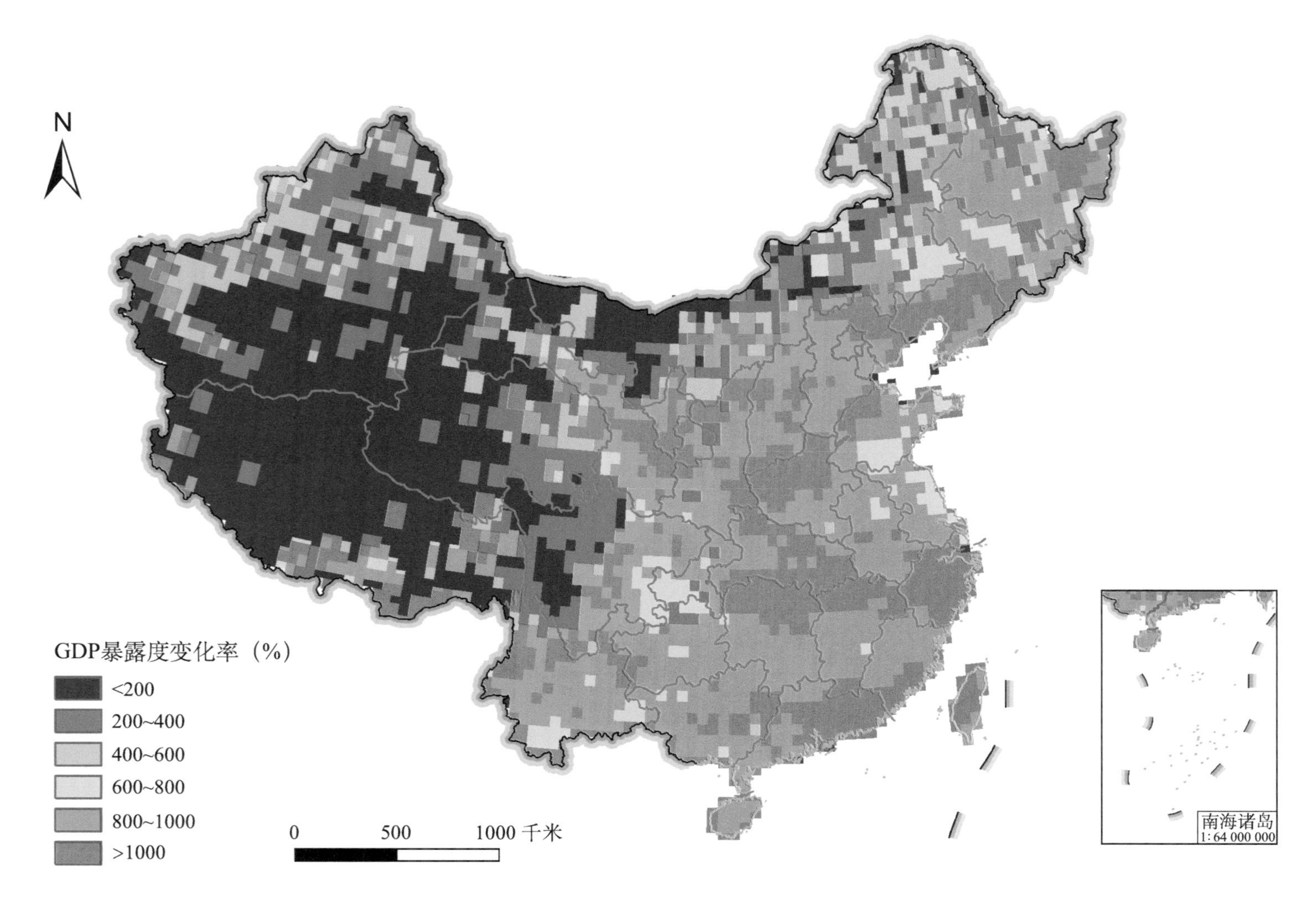
N
GDP暴露度变化率（%）
<200
200~400
400~600
600~800
800~1000
>1000
0
500
1000 千米
南海诸岛
1: 64 000 000

图 5-21　RCP8.5 情景下中期中国干旱 GDP 暴露度相对变化

5.5 升温 1.5℃和 2.0℃情景下干旱 GDP 暴露度变化

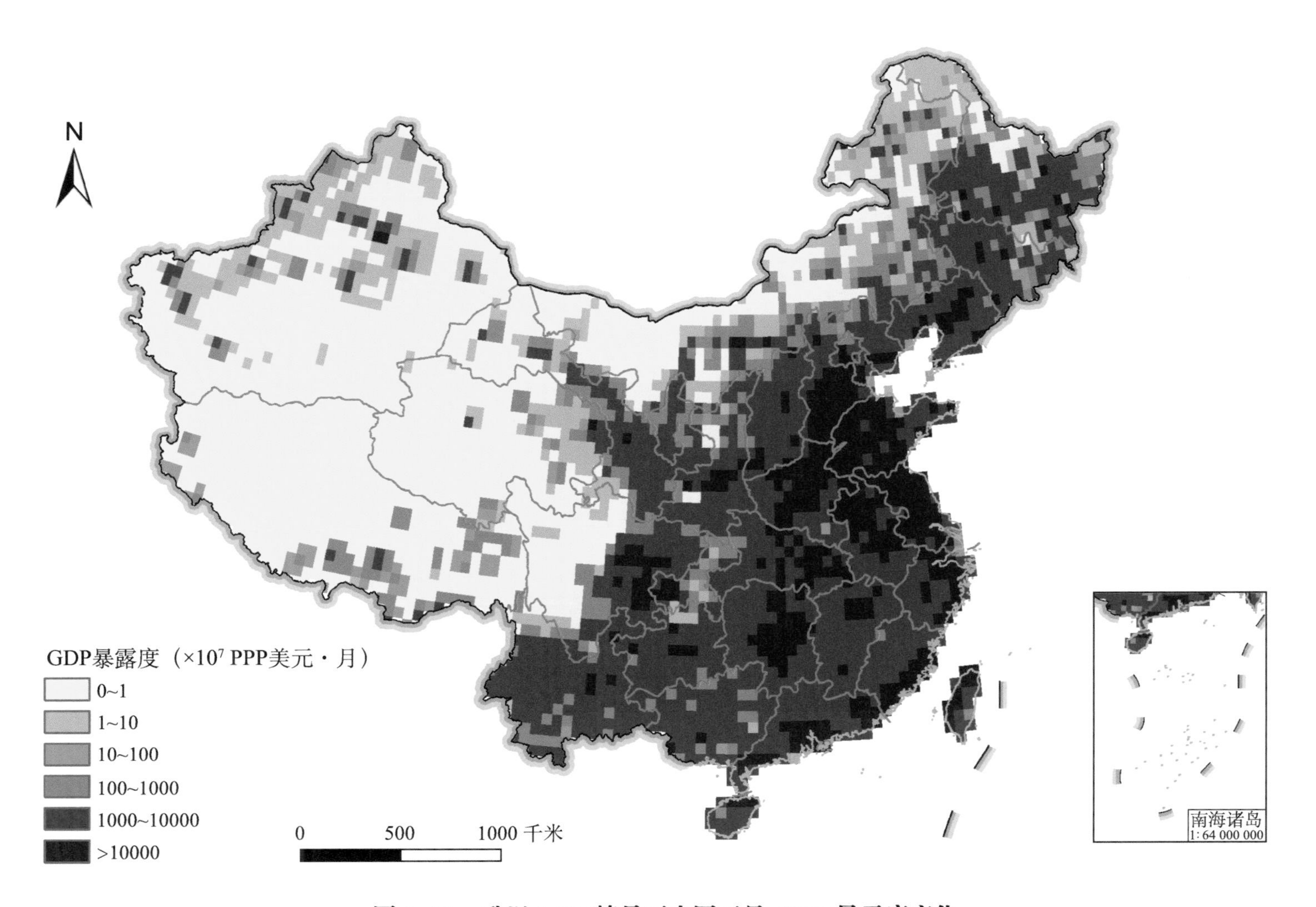
N
GDP暴露度（×10⁷ PPP美元・月）
0~1
1~10
10~100
100~1000
1000~10000
>10000
0
500
1000 千米
南海诸岛
1: 64 000 000

图 5-22　升温 1.5℃情景下中国干旱 GDP 暴露度变化

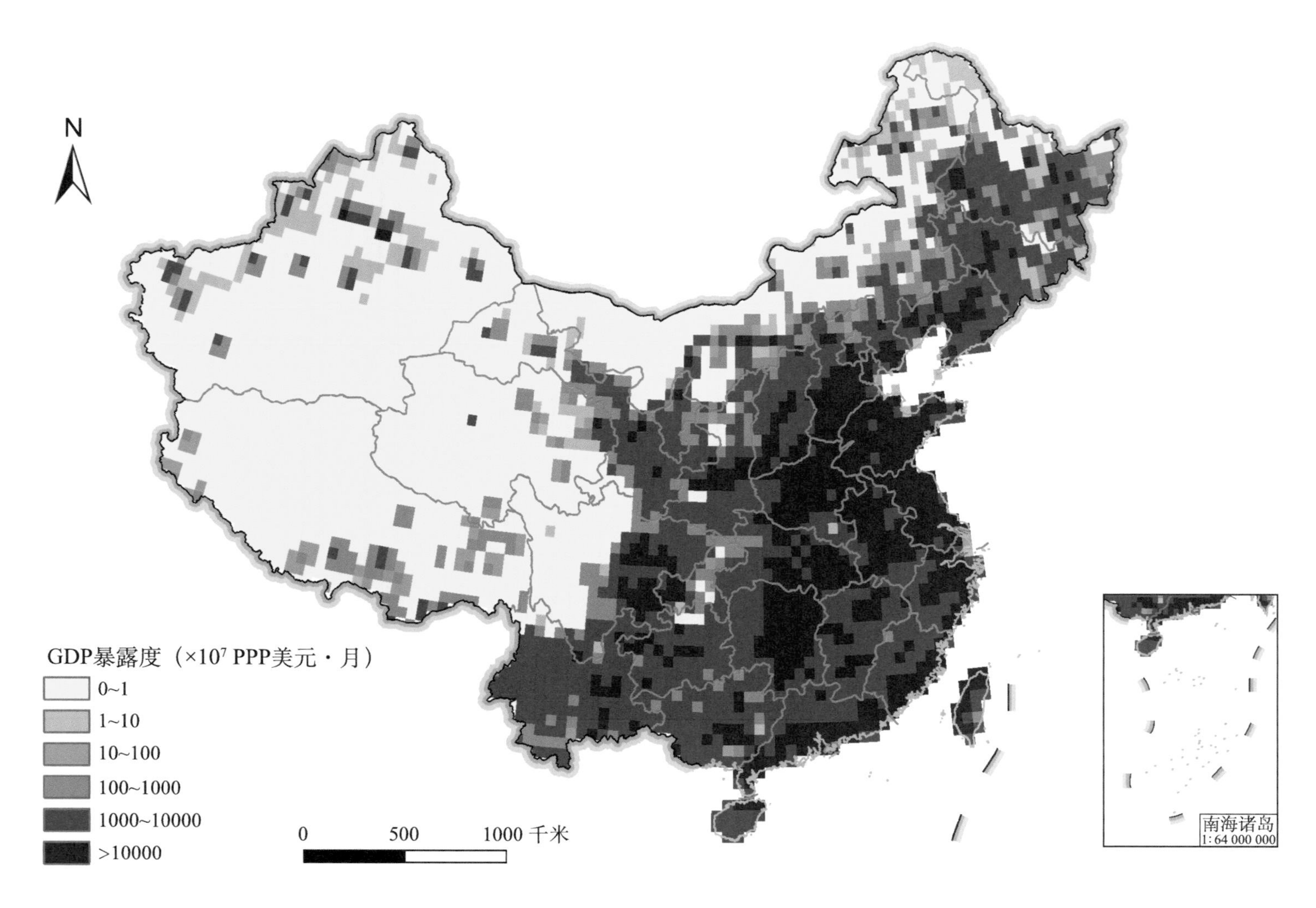
N
GDP暴露度（×10⁷ PPP美元·月）
0~1
1~10
10~100
100~1000
1000~10000
>10000
0
500
1000 千米
南海诸岛
1: 64 000 000

图 5-23　升温 2.0℃情景下中国干旱 GDP 暴露度变化

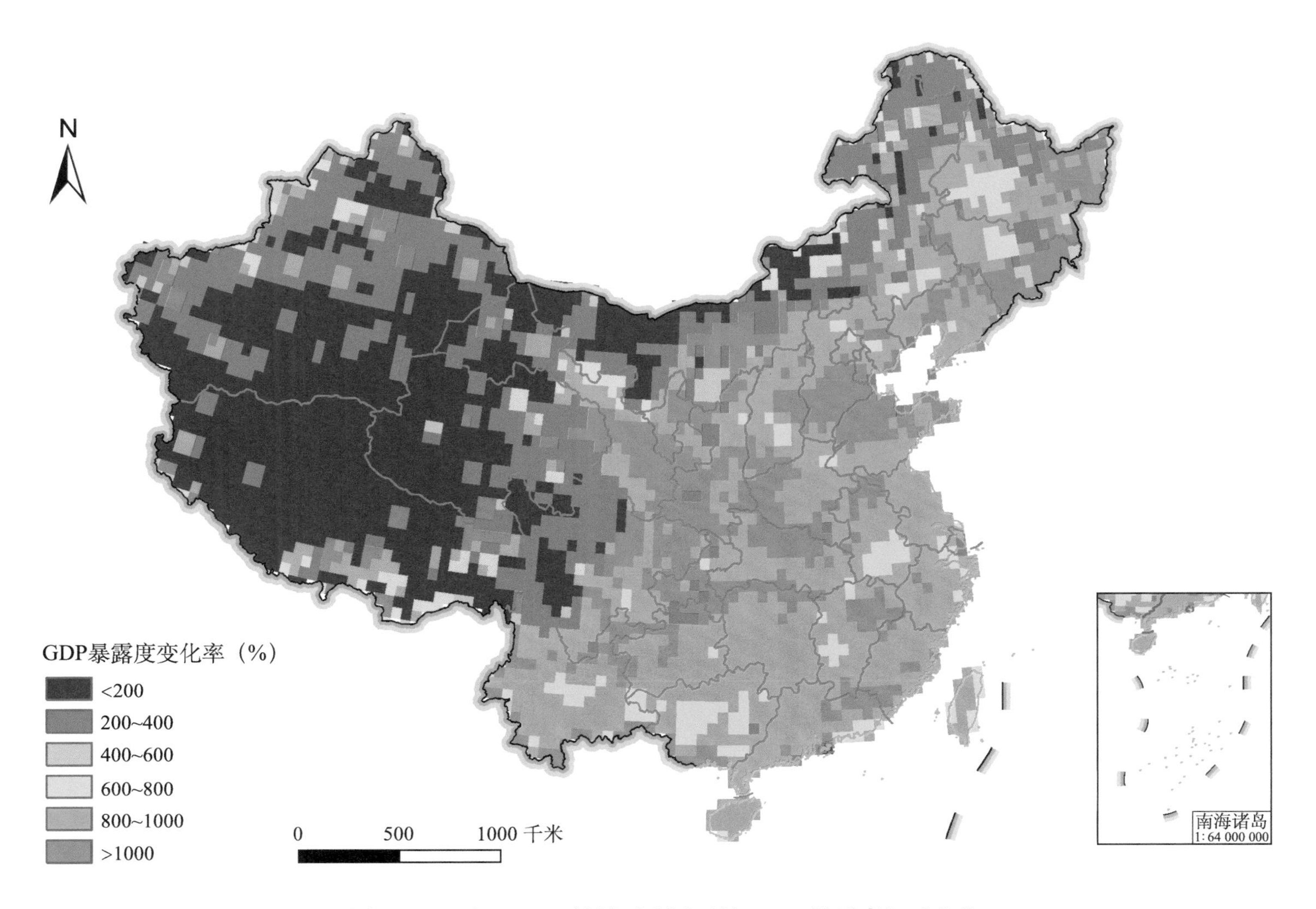
N
GDP暴露度变化率（%）
<200
200~400
400~600
600~800
800~1000
>1000
0
500
1000 千米
南海诸岛
1: 64 000 000

图 5-24　升温 1.5℃情景下中国干旱 GDP 暴露度相对变化

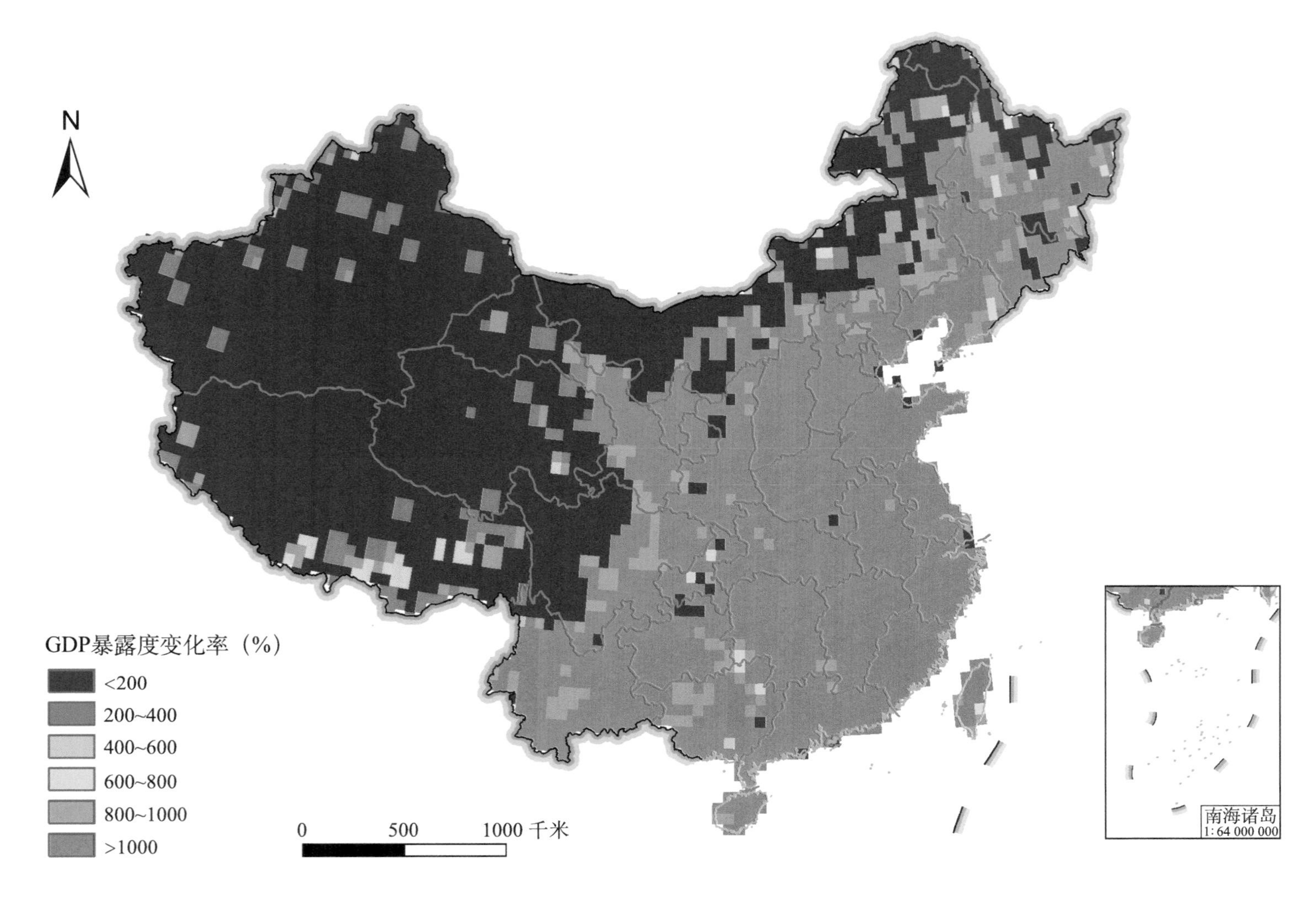
N
GDP暴露度变化率（%）
<200
200~400
400~600
600~800
800~1000
>1000
0
500
1000 千米
南海诸岛
1: 64 000 000

图 5-25　升温 2.0℃情景下中国干旱 GDP 暴露度相对变化